PUTONG GAODENG YUANXIAO
TUMU GONGCHENG LEI GUIHUA XILIE JIAOCAI

普通高等院校土木工程类规划系列教材

工程测量实验与实训

（第2版）

GONGCHENG CELIANG SHIYAN YU SHIXUN

主编　刘蒙蒙　李章树　张　璐

西南交通大学出版社
·成　都·

内容简介

本书是编者在多年测量实验与测量实训教学经验以及教学改革的基础上，结合目前专业教学计划和配套教材的内容与要求编写而成的，内容主要包括测量须知、测量实验指导、测量实训指导等。本书对实验与实训分别给出了较为详尽的指导说明。

本书根据土木工程相关专业（非测绘类）工程测量课程的特点，遵照理论联系实际的原则，以突出教与学的实用性、先进性、创新性和与时俱进性。本书可以作为本科类院校的工程测量实践类教材，也可作为高职、高专、自学考试、电大教学和社会职业技能培训等人员的实践性指导用书。各专业在使用本书时可根据学时数选择实验、实训项目和内容，或根据教学内容和仪器设备条件灵活安排。

图书在版编目（CIP）数据

工程测量实验与实训 / 刘蒙蒙主编. —2版. —成都：西南交通大学出版社，2015.8（2017.7重印）
普通高等院校土木工程类规划系列教材
ISBN 978-7-5643-4110-7

Ⅰ. ①工… Ⅱ. ①刘… Ⅲ. ①工程测量－高等学校－教材 Ⅳ. ①TB22

中国版本图书馆CIP数据核字（2015）第180850号

普通高等院校土木工程类规划系列教材

工程测量实验与实训

（第2版）

主编 刘蒙蒙

*

责任编辑 曾荣兵
封面设计 何东琳设计工作室

西南交通大学出版社出版发行

四川省成都市二环路北一段111号西南交通大学创新大厦21楼
邮政编码：610031 发行部电话：028-87600564
http://www.xnjdcbs.com
四川森林印务有限责任公司印刷

*

成品尺寸：185 mm × 260 mm 印张：6
字数：145千字
2015年8月第2版 2017年7月第5次印刷
ISBN 978-7-5643-4110-7
定价：12.00元

普通高等院校“十二五”土木工程类规划系列教材

编　委　会

第 2 版前言

近年来，随着科学技术的进步和国家经济的迅速发展，测绘技术的发展也是日新月异。为更好地使教材紧密结合实际并满足社会发展的需要，与配套教材《工程测量学》更好地搭配使用，特对本书在第一版的基础上进行了大量的改进。

本版中，保持了第一版的指导体系，即强化测量学的基本理论、基本知识和基本概念的学习，但在内容上删除了一些陈旧的知识点，增加了一些测量新技术的内容。例如，重点添加介绍了全站型速测仪的操作、使用和 GPS 全球定位测量等，以拓宽学生的知识面。为了方便教学，部分实验任务安排了习题、实验与实训等相关教学内容。

本书共分为四部分：第 1 部分由成都纺织高等专科学校张璐、张长福编写；第 2 部分由西华大学刘蒙蒙和成都纺织高等专科学校张璐编写；第 3 部分由西华大学李章树和成都纺织高等专科学校张璐编写；实验报告部分由刘蒙蒙、李章树、张璐编写。全书由刘蒙蒙统稿。

本书在编写过程中，得到了西华大学建筑与土木工程学院、成都纺织高等专科学校、西南交通大学出版社有关领导的鼓励和支持，同时还参阅了许多参考文献，在此一并表示由衷的谢意。

由于时间仓促，加之编者水平有限，书中难免存在不足，恳请读者批评指正。

编　者

2015 年 3 月

第 1 版前言

随着我国国民经济的快速发展和科学技术的飞速进步，测绘技术也正发生着革命性的变化。本书所列各项实验和教学综合实习有利于加强实践性教学环节，有利于学生加深对课堂教学内容的理解以及增强学生的实践动手能力，提高理论知识的应用能力；通过对各实验项目的学习与亲自操作，能提高学生在工程实践活动中解决、分析问题的能力。为完善工程测量教材体系，为学生建立自主学习的基础，扩大学生的知识面，提高学生专业技能水平，故此编写了本指导书。

本书共分为四部分：第 1 部分由成都纺织高等专科学校张璐、李华东编写；第 2 部分由西华大学刘蒙蒙和成都纺织高等专科学校张璐编写；第 3 部分由西华大学刘蒙蒙、李章树编写；第 4 部分由西华大学李章树、刘蒙蒙、杨露江编写。全书由西华大学刘蒙蒙统稿。

本书在编写过程中，得到了西华大学建筑与土木工程学院、成都纺织高等专科学校、西南交通大学出版社有关领导及编辑的鼓励和支持，同时还参阅了许多参考文献，在此一并表示由衷的谢意。

由于时间仓促，加之编者水平有限，书中难免存在不足之处，恳请读者批评指正。

编　者

2012 年 3 月

目　录

第1部分 测量实验须知

“工程测量”是一门实践性很强的专业基础课，测量实训是教学环节中不可缺少的环节。只有通过仪器操作、观测、记录、计算、绘图、编写实训报告等，才能巩固好课程所学，掌握测量仪器的基本操作技能和测量内业的计算方法。因此，务必对工程测量实验与实训予以重视。

1.1 测量实验规定

（1）在测量实验之前，应温习教材中的相关内容，认真预习指导书，明确实验目的与要求、熟悉实验步骤、注意有关事项，并准备好所需文具用品，以保证按时完成实验任务。

（2）实验分小组进行，组长负责组织协调工作、办理所用仪器工具的借领和归还手续。

（3）实验应在规定的时间进行，不得无故缺席或迟到早退；应在指定的场地进行，不得擅自改变地点或离开现场。

（4）必须严格遵守本书列出的“测量仪器工具的借领与使用规则”和“测量记录与计算规则”。

（5）服从教师的指导，必须认真、仔细地按规定进行操作，培养独立完成工作的能力和养成严谨的科学态度，同时要发扬互相协作的精神。每项实验都应取得合格的成果并提交书写工整、规范的实验报告，经指导教师审阅签字后，方可交还测量仪器和工具，结束实验。

（6）实验过程中，应遵守纪律，爱护现场的花草、树木和农作物，爱护周围的各种公共设施，任意砍折、踩踏或损坏者应予赔偿。

1.2 测量仪器工具的借领与使用规则

1. 测量仪器工具的借领

（1）在教师指定的地点办理借领手续，以小组为单位领取仪器工具。实验分小组进行，4～8人为一组，设组长1人，负责组织协调工作，办理借领仪器工具手续，保证按质、按量完成测量实验任务。

（2）借领时，每组由小组长带1～2个人按组的顺序到测量实验室借领仪器，当场清点、检查。主要检查实物与清单是否相符、仪器工具及其附件是否齐全、背带及提手是否牢固、脚架是否完好等。如有缺损，可以补领或更换。要听从实验室管理人员的安排，遵守实验室的规章制度。

（3）离开借领地点之前，必须锁好仪器箱并捆扎好各种工具；搬运仪器工具时，必须轻取轻放，避免剧烈振动。

（4）借出仪器工具之后，不得擅自与其他小组调换或转借他人。

（5）实验结束，应及时收装仪器工具，送还至借领处由管理人员检查验收，消除借领手续。如有遗失或损坏，应写出书面报告说明情况，并按有关规定给予赔偿。

2. 测量仪器使用注意事项

（1）携带仪器时，应注意检查仪器箱盖是否关紧锁好，拉手、背带是否牢固。

（2）开箱时，应将仪器箱放置平稳；不要托在手里或抱在怀里开箱，以防将仪器摔坏。

（3）打开仪器箱，从箱内取仪器时，应握住仪器的牢固部位，紧拿轻放，切勿用手提望远镜。要看清并记住仪器在箱中的安放位置，避免实验结束后装箱困难。

（4）提取仪器之前，应注意先松开制动螺旋，再用双手握住支架或基座轻轻取出仪器，放在三脚架上，保持一手握住仪器、一手去拧连接螺旋，最后旋紧连接螺旋使仪器与脚架连接牢固。注意不要旋得过紧。

（5）装好仪器之后，注意随即关闭仪器箱盖，防止灰尘和湿气进入箱内；还要防止搬动仪器箱时丢失附件。严禁将仪器箱当凳子坐。

（6）人不离仪器，必须有人看护，切勿将仪器靠在墙边或树上，以防跌损。

（7）在野外使用仪器时，应该撑伞，严防日晒雨淋。

（8）若发现透镜表面有灰尘或其他污物，应先用软毛刷轻轻拂去，再用镜头纸擦拭，严禁用手帕、粗布或其他纸张擦拭，以免损坏镜头。观测结束后应及时套好物镜盖。

（9）各制动螺旋勿扭过紧，微动螺旋和脚螺旋不要旋到顶端。使用各种螺旋都应均匀用力，以免损伤螺纹。

（10）转动仪器时，应先松开制动螺旋，再平衡转动。使用微动螺旋时，应先旋紧制动螺旋。操作中，动作要准确、轻捷，用力要均匀。

（11）使用仪器时，对仪器部件性能尚未了解的，未经指导教师许可，不得擅自操作。

（12）仪器装箱时，要放松各制动螺旋，装入箱后先试关一次，在确认安放稳妥后，再拧紧各制动螺旋，以免仪器在箱内晃动受损，最后关箱上锁。

（13）仪器搬站时，对于长距离或难行地段，应将仪器装箱，再行搬站；在短距离和平坦地段，应先检查连接螺旋，再收拢脚架，一手握基座或支架，一手握脚架，竖直地搬移。严禁横扛仪器进行搬移。

（14）在操作仪器的过程中出现故障时，应立即向指导老师汇报，不得自行处理。

3. 测量工具使用注意事项

（1）禁止水准尺、标杆横向受力，以防弯曲变形。作业时，水准尺、标杆应由专人认真扶直，不准贴靠树上、墙上或电线杆上，不能磨损尺面分划和漆皮。使用塔尺时，还应注意接口处的正确连接，用后及时收尺。

（2）皮尺要严防潮湿，万一潮湿，应晾干后再卷入尺盒内。

（3）钢尺在使用时，应防止扭曲、脚踩、车压、打结和折断。应在留有2～3圈的情况下拉尺，用力不得过猛，以免将连接部分拉坏。防止行人踩踏或车辆碾压，尽量避免尺身沾水。携尺前进时，应将尺身提起，不得沿地面拖行，以防损坏分划。用完钢尺，应擦净、涂油，以防生锈。

（4）小件工具如垂球、测钎、尺垫等，应用完即收，防止遗失。

（5）仪器应避免设在交通要道上，在架好的仪器旁必须有人看护。休息时，仪器应装箱，切勿将仪器架在测点上或靠在墙边、树上，以防被物体击倒或跌损。

（6）应注意保护测图板板面，不得乱写乱画或垫坐。

（7）一切测量仪器、工具都应保持清洁，专人保管。如有损坏或丢失，应按实验室规定给予赔偿。

1.3　测量记录与计算规则

（1）所有观测成果均要使用硬性（2H 或 3H）铅笔记录，同时熟悉表上各项内容及填写、计算方法。

（2）记录观测数据之前，应将表头的仪器型号、日期、天气、测站、观测者及记录者姓名等无一遗漏地填写齐全。

（3）观测者读数后，记录者应随即在测量手簿上的相应栏内填写，并复诵回报，以防听错、记错。不得先在别的纸上记录，事后转抄。

（4）记录时要求字体端正、清晰，字的大小一般以占格宽的一半左右为宜，字脚靠近底线，留出空隙作改正错误用。

（5）数据要全，表示精度或占位的“0”均不能省略。如水准尺读数 1.300、角度度盘读数 91°02′06″中的“0”均应填写。

（6）水平角观测中，秒值读、记错误应重新观测，度、分读记错误可在现场更正，但同一方向盘左、盘右不得同时更改相关数字。竖直角观测中，分的读数在各测回中不得连环更改。

（7）距离测量和水准测量中，厘米位及以下数值不得更改，米和分米位的读、记错误，在同一距离、同一高差的往、返测或两次测量的相关数字不得连环更改。观测的尾数（″、mm）不得更改，如尾数出错，应重测。

（8）更正错误时，均应将错误数字、文字整齐画去，在上方另记正确数字和文字。画改的数字和超限画去的成果，均应注明原因和重测结果的所在页数。严禁在原字上涂改。

（9）按四舍六入、五前单进双舍（或称奇进偶不进）的取数规则进行计算。例如 1.244 4、1.243 6、1.243 5、1.244 5 这几个数据，若取自小数点后三位，则均应记为 1.244。

1.4　测量实习注意事项

（1）仪器的借领、使用和保管应严格遵守第 1 部分“实验须知”中的有关规定。

（2）实习期间的各项工作，由组长全面负责、合理安排，以确保实习任务的顺利完成。

（3）每次出发和收工时均应清点仪器和工具。每天晚上应整理外业观测数据并进行内业计算。原始数据及成果资料应整洁齐全，妥善保管。

（4）严格遵守实习纪律，服从指导教师、班组长的分配。不得无故缺席或迟到早退，病假应由医生出具证明，事假应经指导教师批准，无故缺席者，作旷课论处。缺课超过实习时间 1/3 者，不评定实习成绩。

第 2 部分　测量实验

实验 1　水准仪的认识和使用

1.1　实验目的与要求

（1）了解 DS_3 级微倾式水准仪或自动安平水准仪各部分的构造。

（2）熟悉水准仪的操作。

（3）本实验课时为 2 个学时。

1.2　实验内容

（1）认识 DS_3 级微倾式水准仪或自动安平水准仪各个部分、各个螺旋的名称、功能，并掌握它们的操作方法。

（2）练习使用圆水准器粗略整平仪器；练习精准瞄准目标，消除视差和读取水准尺读数。

（3）掌握利用水准测量原理来计算地面两点高差的方法。

1.3　实验组织和实验用具

每组借用：DS_3 级微倾式水准仪或自动安平水准仪 1 台，水准仪脚架 1 个，记录板 1 块，共用水准标尺 2 根。

每人自备：实验记录表 1 张，铅笔，小刀，计算器。

1.4　实验步骤和要求

（1）各组把仪器安置在指定的地点，面向预先安置在 A、B 两处的标尺，调整脚螺旋进行粗略整平。

（2）认识仪器。指出仪器各部件的名称和位置，了解其作用，并熟悉其使用方法，同时弄清水准尺的分划注记。转动目镜调焦螺旋，看清十字丝。利用准星和照门粗瞄后视点 A 的水准尺，再利用水平微动螺旋精确照准水准尺，转动物镜调焦螺旋看清水准尺，并消除视差。

（3）用微倾螺旋使气泡符合，依次读取 A、B 两处标尺的读数，并计算两点间的高差 h_{AB}。

（4）每人轮流做一遍，第二人开始作业时，改变一下仪器高或仪器位置，再次测定并计算两点高差。

1.5　注意事项

（1）三脚架要安置稳妥，高度适当，架头接近水平，伸缩脚架螺旋要旋紧。

（2）用双手取出仪器，握住仪器牢固部分，确认已装牢在三脚架上后才可放手，仪器箱盒要及时关紧。

（3）掌握正确的操作方法，特别是用圆水准器安平仪器和使用望远镜的方法。

（4）要先认清水准尺的分划和注记，然后练习在望远镜内读数。读数时，应以中横丝读取，读数前一定要消除视差，符合水准管气泡要严格居中。切忌身体各部位接触仪器。

（5）爱护仪器，遵守“测量仪器使用规则”的要求；重视记录，严格遵守“测量资料记录规则”。

1.6　记录格式（见表 1）

实验 2　普通水准测量

2.1　实验目的与要求

（1）掌握普通水准测量的外业实施方法和内业计算的过程。

（2）掌握水准仪的正确操作使用方法，熟悉水准路线的布设形式。

（3）本实验课时为 2 个学时。

2.2　实验内容

（1）进行一条闭合水准路线的观测（至少包含 4 个测站）。

（2）通过练习，掌握普通水准测量实施方法、记录、计算以及高差闭合差调整和高程计算的方法。

（3）检核观测精度，精度满足要求后进行闭合差的调整和待测点高程的推算。

2.3　实验组织和实验用具

每组借用：DS_3 级微倾式水准仪或自动安平水准仪 1 台，水准仪脚架 1 个，水准尺 1 根，尺垫 2 个，记录板 1 块。

每人自备：实验记录纸 1 张，铅笔，小刀，计算器。

2.4　实验步骤和要求

（1）领取仪器后，根据教师给定的已知高程点，在测区选点。选择 4～5 个待测高程点，并标明点号，形成一条闭合水准路线。

（2）一人观测，一人扶尺，完成一个闭合环或一个单程，然后交换工作；在距已知高程点（起点）与第一个转点大致等距离处架设水准仪，在起点与第一个待测点上竖立尺。仪器整平后便可进行观测，同时记录观测数据。可用双仪器高法（或双尺面法）进行测站检核。第一站施测完毕，检核无误后，水准仪搬至第二站，第一个待测点上的水准尺位置不变，尺面转向仪器；另一把水准尺竖立在第二个待测点上，进行观测，依此类推。

（3）当两点间距离较长或两点间的高差较大时，在两点间可选定一或两个转点作为分段点，进行分段测量。在转点上立尺时，尺子应立在尺垫凸起物的顶上。

（4）水准路线施测完毕，应求出水准路线高差闭合差，以便对水准测量路线成果进行检核。容许闭合差按 $\pm 40\sqrt{L}$（mm）或 $\pm 12\sqrt{n}$（mm）计算，其中 L 为闭合路线或起、终水准点间单程路线之长（以 km 计）。

（5）每人填写一份记录，计算出高差和高差闭合差，用“$\sum h_{测}$”和“$\sum$(后视读数)-$\sum$(前视读数)”检核计算。对闭合差进行调整，求出数据后处理各待测点高程。

2.5　注意事项

（1）注意水准测量进行的步骤，严防水准仪和水准尺同时移走。

（2）同一测站，圆水准器只能整平一次，避免仪器被扰动。

（3）要选择好测站和转点的位置，尽量避开行人和车辆的干扰，保持前后视距离相等，视线长不超过100 m。

（4）水准尺要立直，用黑面读数。转点要选择稳固可靠的点，用尺垫时要踩实。只有转点（TP）上才放置尺垫，水准点（BM）和未知高程点（*A*、*B*、*C*…）不能放尺垫。转点上的尺垫，要等到将仪器搬到下一点，观测了后视读数后，才能搬迁。

（5）读数时要注意水准管气泡符合（自动安平仪器粗平后直接读数），消除视差，防止读错、记错。

（6）要保护好仪器，迁站时应将仪器抱在胸前，所有仪器盒等工具都要随人带走。

（7）注意正确填写记录资料；记录时要书写整齐清楚，随测随记，不得重新誊抄。

2.6　记录格式（见表2）

实验 3　四等水准测量

3.1　实验目的与要求

（1）掌握一条闭合水准路线的四等水准测量观测、记录与计算的方法。

（2）本实验课时为 2 个学时。

3.2　实验内容

（1）施测一条闭合的四等水准路线（至少包含 3 个测站）。

（2）进一步熟悉水准仪的操作，练习用双面水准尺进行四等水准测量的观测、记录与计算。

（3）根据四等水准测量的主要技术要求，检核四等水准测量的精度，并做好相应的记录、计算和检核。

3.3　实验组织和实验用具

每组借用：DS_3 级微倾式水准仪或自动安平水准仪 1 台，水准仪脚架 1 个，双面水准尺 2 根，记录板 1 块，尺垫 2 块。

每人自备：实验记录纸 1 张，铅笔，小刀，计算器。

3.4　实验步骤和要求

（1）闭合路线的长度，以能安置 4～5 个测站为宜。

（2）一人观测，一人扶尺，每人测 1～2 个测站，然后交换工作，每组共同完成一段闭合路线。

（3）正确填写记录，进行各项计算和检核计算。作业要求如下：

视线长不超过 100 m；红黑面读数差不大于 3 mm；红黑面高差之差不大于 5 mm；每站前后视距差不大于 5 m；各站前后视距差累计不大于 10 m。

（4）每一测站上应完成各项检核计算，全部合格后，才能迁站。

（5）闭合差不超过 $\pm 20\sqrt{L}$ 或 $\pm 6\sqrt{n}$（mm），其中，L 为闭合路线或附合路线之长，以 km 计。

3.5　注意事项

（1）按规定的步骤和顺序进行观测记录和计算，并按规定的格式将观测数据和计算数据填写在正确位置，注意区别上、下视距丝、中丝读数，并记入相应栏内。每站观测结束后应立即计算、检核，若有超限则重测该测站。全路线施测计算完毕，各项检核结果均符合要求，水准路线高程闭合差也在限差之内，即可收工。

（2）在一个测站上，观测员操作仪器由后视转为前视后，读数前一定要再一次转动微倾螺旋，使水准管气泡居中。

（3）后视尺在仪器未迁站前不得移动，仪器迁站时前尺不得移动。

（4）记录员记录的数字要工整、清晰，计算准确无误，决不能涂改；确实有误时，可用斜线划掉，在原数字的上方或下方写上正确结果，并在备注栏里注上划掉的原因。双面水准尺每两根为一组，两尺的红面读数相差 0.100 m（即 4.687 与 4.787 之差）。当第一测站前尺位置确定以后，两根尺要交替前进，即后变前、前变后，不能搞乱。在记录表中的方向及尺号栏内要写明尺号，在备注栏内写明相应尺号的 K 值。

（5）观测结束后，要对高差和视距进行总的计算与校核。

3.6　记录格式（见表3）

实验 4　水准仪的检验与校正

4.1　实验目的与要求

（1）掌握水准仪的检验和校正方法。

（2）了解水准仪的主要轴线及它们之间应满足的几何条件；巩固和深入对水准仪检验和校正原理的理解。

（3）本实验课时为 2 个学时。

4.2　实验内容

检验圆水准器轴是否平行于仪器竖轴；检验十字丝的横丝是否垂直于仪器竖轴；检验水准管轴是否与视准轴平行。

4.3　实验组织和实验用具

每组借用：DS_3 级微倾式水准仪或自动安平水准仪 1 台，水准仪脚架 1 个，尺垫 2 个，水准尺 2 根，记录板 1 块。

每人自备：实验记录纸 1 张，铅笔，小刀，计算器。

4.4　实验步骤和要求

（1）检验圆水准器的误差情况：将仪器平转 180°后气泡中心偏离零点的距离（估计）记入记录表，每人进行一次检验；同上进行第二次检验，把检验结果记录下来。如误差较大，需在教师指导下进行校正。

（2）用十字丝中横丝瞄准一固定点状目标，制动仪器，缓缓转动微动螺旋，观察目标与十字丝中横丝重合与否。若始终重合，则条件满足；否则应校正。每人进行一次检验，横丝不做校正。

（3）检验水准管轴与视准轴是否平行时，把尺垫置于 A、B 两点，安置水准仪于距 A、B 等距离处（中间法），A、B 相距 40~60 m。将水准仪分别置于 A、B 的中点和 B（或 A）点，测两点高差两次，记录读数并计算高差。若较差 $\Delta h = h_1 - h_2 \leqslant \pm 6\ \text{mm}$，取其平均值作为正确高差 h_{AB}；否则应重测。将仪器移至 A 点附近 2 ~ 3 m 处，安置仪器，读取 A、B 点水准尺 a_3、b_3 读数，经计算，若 A、B 点间高差 $h'_{AB} = a_3 - b_3 = h_{AB}$，则条件满足；若二者不等，则计算 i 角值。当 $i \geqslant 20''$时，须校正。

4.5　注意事项

（1）检验工作必须十分仔细地进行，每人检验一次。当两人所得结果证明确实存在误差时，需进行校正。校正后必须进行第二次检验。

（2）校正时必须特别仔细，校正螺丝由指导教师松开后，才能开始校正工作。拨动校正螺丝时用力要适当，严防拧断螺丝。各项的检验校正需反复进行，且检校顺序不能颠倒，直至满足技术要求为止。

（3）校正前必须先弄清该部件的构造、螺丝的旋向和校正的次序。拨校正螺丝时，先转动应松开的一个，后转动应旋紧的一个。校正到正确位置时，两个螺丝必须同时旋紧。

（4）校正时，应该为仪器打伞遮住阳光。

4.6　记录格式（见表4）

实验 5　光学经纬仪的认识和使用

5.1　实验目的与要求

（1）了解 DJ_6 级经纬仪的构造和各主要部件的作用。

（2）熟悉 DJ_6 级经纬仪的读数及操作使用方法。

（3）本实验课时为 2 个学时。

5.2　实验内容

（1）认识 DJ_6 级经纬仪各个部分与各个螺旋的名称、作用和操作方法。通过练习，初步掌握水平、竖直制动螺旋和微动螺旋的使用方法。

（2）练习经纬仪的安置、对中、整平。

（3）进一步掌握望远镜的使用方法；练习用望远镜瞄准目标和用十字丝交点精确照准目标。

（4）利用读数显微镜练习目标点对应的水平度盘读数和竖直度盘读数。

（5）初步利用角度测量原理完成水平角和竖直角的计算。

5.3　实验组织和实验用具

每组借用：经纬仪 1 台，经纬仪脚架 1 个，记录板 1 块，必要时加伞 1 把。

每人自备：实验记录纸 1 张，铅笔，小刀，计算器。

5.4　实验步骤和要求

1. 实验步骤

（1）仪器讲解。指导教师现场讲解 DJ_6 级光学经纬仪的构造，各螺旋的名称、功能及操作方法，仪器的安置及使用方法。

（2）安置仪器。各小组在给定的测站点上架设仪器（从箱中取经纬仪时，应注意仪器的装箱位置，以便用后装箱）。在测站点上撑开三脚架，高度应适中，架头应大致水平；然后把经纬仪安放到三脚架的架头上。安放仪器时，一手扶住仪器，一手旋转位于架头底部的连接螺旋，使连接螺旋穿入经纬仪基座压板螺孔，并旋紧螺旋。

（3）认识仪器。对照实物正确说出仪器的组成部分、各螺旋的名称及作用。

（4）对中。有垂球对中和光学对中器对中两种方法。

方法一：垂球对中

① 在架头底部连接螺旋的小挂钩上挂上垂球。

② 平移三脚架，使垂球尖大致对准地面上的测站点，并注意使架头大致水平，踩紧三脚架。

③ 稍微旋松底座下的连接螺旋，在架头上平移仪器，使垂球尖精确对准测站点（对中误差应小于等于 3 mm），最后旋紧连接螺旋。

方法二：光学对中器对中

① 将仪器中心大致对准地面测站点。

② 通过旋转光学对中器的目镜调焦螺旋，使分划板对中圈清晰；通过推、拉光学对中器的镜管进行对光，使对中圈和地面测站点标志都清晰显示。

③ 移动脚架或在架头上平移仪器，使地面测站点标志位于对中圈内。

④ 逐一松开三脚架架腿制动螺旋并利用伸缩架腿（架脚点不得移位）使圆水准器气泡居中，大致整平仪器。

⑤ 用脚螺旋使照准部水准管气泡居中，整平仪器。

⑥ 检查对中器中地面测站点是否偏离分划板对中圈。若发生偏离，则松开底座下的连接螺旋，在架头上轻轻平移仪器，使地面测站点回到对中器分划板刻度中圈内。

⑦ 检查照准部水准管气泡是否居中。若气泡发生偏离，需再次整平，即重复上述步骤，最后旋紧连接螺旋。（按方法二对中仪器后，可直接进入步骤⑥）。

（5）整平。转动照准部，使水准管平行于任意一对脚螺旋，同时相对（或相反）旋转这两只脚螺旋（气泡移动的方向与左手大拇指行进方向一致），使水准管气泡居中；然后将照准部绕竖轴转动 90°，再转动第三只脚螺旋，使气泡居中。如此反复进行，直到照准部转到任何方向，气泡在水准管内的偏移都不超过刻划线的一格为止。

（6）瞄准。取下望远镜的镜盖，将望远镜对准天空（或远处明亮背景），转动望远镜的目镜调焦螺旋，使十字丝最清晰；然后用望远镜上的照门和准星瞄准远处一线状目标（如避雷针、天线等），旋紧望远镜和照准部的制动螺旋，转动对光螺旋（物镜调焦螺旋），使目标影像清晰；再转动望远镜和照准部的微动螺旋，使目标被十字丝的纵向单丝平分或被纵向双丝夹在中央。

（7）读数：瞄准目标后，调节反光镜的位置，使显微镜读数窗亮度适当；旋转显微镜的目镜调焦螺旋，使度盘及分微尺的刻划线清晰，读取落在分微尺上的度盘刻划线所示的度数；然后读出分微尺上零刻划线到这条度盘刻划线之间的分数，估读至 1′的 0.1 位。如图 2.1 所示，水平度盘读数为 117°01′54″，竖盘读数为 90°36′12″。

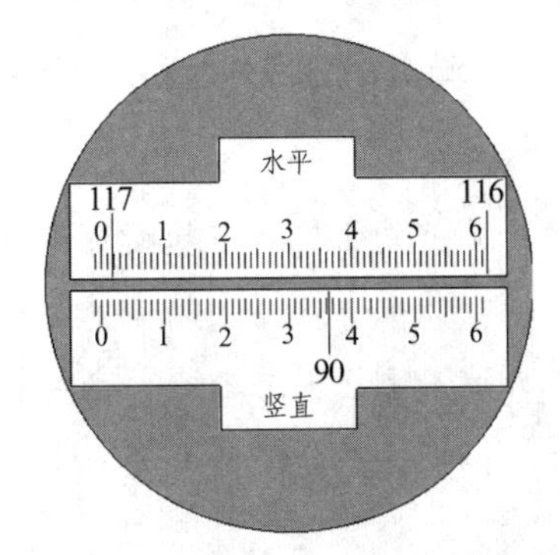

图 2.1　DJ_6 级光学经纬仪读数窗

（8）设置度盘读数。可利用光学经纬仪的水平度盘读数变换手轮改变水平度盘读数。具体做法是打开基座上的水平度盘读数变换手轮的护盖，拨动水平度盘读数变换手轮，观察水平度盘读数的变化，使水平度盘读数为一定值，关上护盖。

有些仪器配置的是复测扳手，要改变水平度盘读数，首先要旋转照准部，观察水平度盘读数的变化，使水平度盘读数为一定值，按下复测扳手将照准部和水平度盘卡住；再将照准部（带着水平度盘）转到需瞄准的方向上，打开复测扳手，使其复位。

（9）记录。用 2H 或 3H 铅笔将观测到的水平方向读数记录在表格中，用不同的方向值计算水平角。

2. 实验要求

（1）由仪器室借出仪器之后，到指定的测站点安置仪器。

（2）在安置仪器之前，先打开仪器箱，认清、记牢经纬仪在仪器箱子中安放的位置，以便实验完后仪器能按原样装箱。

（3）仪器安装在三脚架上，掌握仪器的各个主要部件的名称、作用和相互关系，如仪器整体微动与制动螺旋、读数目镜、物镜、基座连接螺旋、脚螺旋等。

（4）对中。挂上垂球，平移三脚架，使垂球尖大致对准测站点，并注意架头水平、高度适中，踩紧三脚架。稍微旋松连接螺旋，在架头上平移仪器，使垂球尖精确对准测站点，再旋紧连接螺旋。转动照准部，使水准管平行于任意一对脚螺旋，两只手同时相对旋转这两只脚螺旋，使水准管气泡居中；将照准部旋转 90°，再旋转第三只脚螺旋，使气泡居中。如此反复调试，直至照准部转到任何方向，水准管气泡偏移不超过一格为止。用望远镜上的瞄准器瞄准目标，调节目镜调焦和物镜调焦螺旋，使十字丝和目标成像清晰，用微动螺旋准确瞄准目标。调节反光镜的位置和调节读数窗调焦螺旋，使度盘及分划尺的刻划清晰，读取读数，记录。

同样，瞄准另一目标 B，读数并记录。最后简单计算水平角。

（5）在地面所指定的标志点上练习整平和对中。整平后的仪器，当水平旋转 180°时，水准管气泡偏离中心不大于 1 格，对中标志偏离中心不大于 2 mm。

（6）每人轮流做一遍，第一人做完，应把仪器装箱，收起三脚架，第二人从头做起。

（7）每人可用盘左观测两个目标 A、B，计算出一个单角，并记录在实验记录表中。

5.5 注意事项

（1）打开三脚架后，要安置稳妥，先粗略对中地面标志，然后用中心螺旋把仪器牢固地连接在三脚架头上，关上箱子；同时，检查仪器上轴座固定螺旋是否拧紧。

（2）仪器对中时，先使架头大致水平，偏差较大，可将整个脚架连同仪器一起平移，使光学对中器中圆圈接近地面标志点；当偏离量在 1 cm 以内时，可旋松中心螺旋，使仪器在架头上移动，达到精确对中，然后旋紧中心螺旋。

（3）制动螺旋不可拧（压）得太紧；微动螺旋不可旋得太松也不可拧得太紧，以处于中间位置附近为好。仪器上各种螺旋不宜拧得过紧，以免损伤轴身。放松望远镜制动螺旋时，必须以手扶镜筒，慢慢转动，防止镜头突然下转仪器受损。读数前要消除视差，注意先目镜后物镜的调节顺序。

（4）阳光较强时，要给仪器打伞。

5.6　记录格式（见表5）

实验 6　电子经纬仪的认识和使用

6.1　实验目的与要求

（1）熟悉电子经纬仪的基本构造以及主要部件的名称与作用。

（2）掌握使用电子经纬仪的安置方法。

（3）本实验课时为 2 个学时。

6.2　实验内容

认识电子经纬仪的组成、构造，电子经纬仪上各螺旋的名称、功能，以及电子经纬仪的特点。依据角度测量原理，利用电子经纬仪进行目标物所对应的水平角和竖直角大小的测定。

6.3　实验组织和实验用具

每组借用：电子经纬仪 1 台，经纬仪脚架 1 个，记录板 1 块，伞 1 把。

每人自备：铅笔，计算器。

6.4　实验步骤和要求

1. 仪器讲解

指导教师现场演示讲解电子经纬仪的各部件名称、操作键盘上各键的功能及显示与信号标记。

2. 安置仪器

各小组在给定的测站点上架设仪器。从箱中取出经纬仪时，应注意仪器的装箱位置，以便用后装箱。

3. 认识仪器

对照实物正确说出仪器的组成部分、各螺旋的名称及作用，并注意比较电子经纬仪与光学经纬仪的相同部分与不同部分。

4. 对中、整平

与前述光学经纬仪的相应步骤相同。

5. 按 PWR 键开机

开机后，显示屏显示全部的符号，其中显示的常见符号信息如表 2.1 所示。

表 2.1　电子经纬仪显示符号信息

符号	含　义
	照明状态
BAT	电池电量
V	竖盘读数或天顶距
%	斜率百分比
H	水平度盘读数
G	角度单位：格（角度采用“度”及“密度”作单位时无符号显示）
HR	右旋（顺时针）水平角
HL	左旋（逆时针）水平角
	斜距
	平距
	高差
m	距离单位：米
ft	距离单位：英尺
T.P	温度、气压（本仪器未采用）

上述信息显示 2 s 后，显示“V　0SET”，表明应进行竖盘初始化（即使竖盘指标归零），此时，应将望远镜上下转动。屏幕上“0SET”的位置上显示出竖直角值时，则可进入角度测量状态。

6. 瞄　准

取下望远镜的镜盖，将望远镜对准天空（或远处明亮背景），转动望远镜的目镜调焦螺旋，使十字丝清晰显示；用望远镜上的照门和准星瞄准远处一线状目标（如避雷针等），旋紧经纬仪照准部和望远镜的制动螺旋，转动物镜调焦螺旋（对光螺旋），使目标影像清晰（注意消除视差）；再转动望远镜和照准部的微动螺旋，使目标被十字丝的纵向单丝平分或被纵向双丝夹在中央。开机后屏幕显示的水平方向读数“HR　165°41′28″”为仪器内存的原始水平方向值，若不需要此值，可以连续按两次 0SET 键，使显示的水平方向读数为“HR　0°00′00″”（有时出现的角值可能与该值略有差异）。

7. 读　数

利用远处较高的建（构）筑物（如水塔、楼房）上的避雷针、天线等作为确定两个方向的目标，分别瞄准后，在显示屏幕上读取水平方向读数、竖直方向读数。

8. 记　录

用 2H 或 3H 铅笔将各水平方向的观测读数记录在表格中，利用不同的水平方向值进行水平角的计算。

小组各成员间应与光学经纬仪进行互换，以便对两种仪器进行了解。

6.5 注意事项

（1）尽量使用光学对中器进行对中，对中误差应小于 3 mm。

（2）测量水平角瞄准目标时，应尽可能瞄准其底部，以减小目标倾斜所引起的误差。

（3）观测过程中，注意避免碰动光学经纬仪的复测扳手或度盘变换手轮，以免发生读数错误。

（4）在日光下进行测量时应避免将物镜直接对准太阳。

（5）仪器安放到三脚架上或取下时，要先握住仪器，以防仪器摔落。

（6）电子经纬仪在装、卸电池时，必须先关掉仪器的电源开关（关机）。

（7）禁用有机溶液擦拭镜头、显示窗和键盘等。

6.6 实验问答

1. 使用电子经纬仪需要注意哪些问题？

2. 利用电子经纬仪进行角度测量前应做哪些设置？

实验 7　测回法观测水平角

7.1　实验目的与要求

（1）掌握测回法观测水平角的过程及计算方法。

（2）本实验课时为 4 个学时。

7.2　实验内容

（1）安置仪器，进行对中、整平。

（2）用测回法测出所给定的两个目标 A、B 与测站 O 之间的夹角 β，观测两个测回。充分利用仪器的各个构件功能，进行配盘或置零。

（3）根据水平角测量的精度来判别测定数据的有效性，进行内业计算。

（4）利用测回法观测一个三角形的三个内角，每个内角各观测一个测回。根据水平角测量的精度来判别测定数据的有效性，进行相应的内业计算。

7.3　实验组织和实验用具

每组借用：DJ_6 级经纬仪 1 台（或电子经纬仪 1 台），经纬仪脚架 1 个，记录板 1 块，伞 1 把。

每人自备：实验记录表 1 张，铅笔，小刀，计算纸。

7.4　实验步骤和要求

（1）在指定的测站上安置仪器，进行对中、整平，用目镜对光螺旋调光使十字丝清晰。

（2）上半测回时，在盘左位置判断角度的左手目标并瞄准，使用度盘变位手轮配制水平度盘的读数，记录；顺时针转动照准部，瞄准另一目标，读数并记录，分别瞄准 A、B 及读数 a_1、b_1，则 $\beta_1 = b_1 - a_1$。

下半测回时，转动仪器到盘右位置，逆时针转动照准部，依次瞄准两个目标，读数并记录，得到读数 b_2、a_2，则 $\beta_2 = b_2 - a_2$。

（4）当 $|\beta_2 - \beta_1| \leqslant 40''$，取平均值 $\beta = \dfrac{\beta_1 + \beta_2}{2}$。

（5）每人轮流进行一个合格的测回，填写实验记录，每人交一份。

7.5 注意事项

（1）仪器要安置稳妥，对中、整平时要仔细。

（2）观测目标时要认真消除视差；不能瞄错目标，应尽量瞄准测钎的底端，并用十字丝竖丝瞄准目标物的中间位置。

（3）在观测中若发现气泡偏离较多，应废弃之前的观测结果，重新整平观测。读记错误的秒值不许改动，应重新观测；同一测站不得有两个相关数字连环更改，否则均应重测。

（4）计算时，用夹角右侧目标读数减去左侧目标读数，如果计算出现负值，应将计算结果加上 360°，使水平角为 0°～360°。

（5）不同测回之间，可按 $180°/n$ 配置水平度盘。

7.6 记录格式（见表 6、表 7）

实验 8　全圆测回法观测水平角

8.1　实验目的与要求

（1）掌握方向观测法观测水平角的外业过程、记录、内业计算。

（2）区分测回法和全圆测回法的不同。

（3）本实验课时为 2 个学时。

8.2　实验内容

（1）安置仪器，进行对中、整平。进一步熟悉经纬仪的操作方法。

（2）运用全圆测回法（方向观测法）测出从指定的测站 O 到所给定的三个目标 A、B、C 的方向值，计算出相邻边间的水平角。根据水平角测量的精度来判别测定数据的有效性，进行相应的内业计算。

（3）每个同学独立观测 1～2 个测回，独立完成记录、计算。

8.3　实验组织和实验用具

每组借用：DJ_6 级经纬仪 1 台（或电子经纬仪 1 台），经纬仪脚架 1 个，记录板 1 块，伞 1 把。

每人自备：全圆测回法测水平角记录表 1 张。

8.4　实验步骤和要求

1. 实验步骤

（1）用盘左位置瞄准第一个目标 A，转动换像手轮，使读数窗内显示水平度盘影像，旋转读数显微镜的目镜调焦螺旋使水平度盘及测微尺的刻划线清晰；再调节水平度盘反光镜使窗口亮度适当，转动水平度盘读数变换轮及测微轮；将水平度盘读数配置到略大于 0°的位置上，精确瞄准目标 A，读取 A 目标水平方向值 $a_{左}$，做好记录。

（2）按顺时针方向，依此瞄准 $B \to C \to A$，分别读取读数，即各目标水平方向值 $b_{左}$、$c_{左}$、$a'_{左}$，做好记录。

（3）由 A 方向盘左两个读数之差 $\Delta = a_{左} - a'_{左}$（称为上半测回归零差）计算盘左上半测回归零差，如果归零差满足限差不大于 18″的要求，记在记录表格中，写在该列 $a'_{左}$ 的底部，否则应重新测量。

（4）倒转望远镜盘左位置换为盘右位置，瞄准第一个目标 A，读数 $a_{右}$，记录；按逆时针方向依此瞄准第三个目标 $C \to$ 第二个目标 $B \to$ 第一个目标 A，分别读取读数，即各目标水平方向值$c_{右}$、$b_{右}$、$a'_{右}$，在记录表格中由下往上记录。

（5）由A方向盘右两个读数之差$\Delta = a_{右} - a'_{右}$计算下半测回归零差，如果归零差满足限差不大于18″的要求，记在该列$a'_{右}$的下面。

（6）对于同一目标，需用盘左读数尾数减去盘右读数尾数计算$2c$（两倍视准轴误差），$2c$应满足限差不大于60″的要求，否则应重新测量。

（7）将$\overline{a_{左}}$与$\overline{a_{右}}$取平均，求得归零方向的平均值$\overline{a} = (\overline{a_{左}} + \overline{a_{右}})/2$；用各目标的盘左读数与盘右读数±180°的和除以2计算各目标方向值的平均值。

（8）用各目标方向的平均值减去归零方向的平均值$\overline{a}$，可求出各目标归零后的水平方向值，则第一测回观测结束。

（9）如果需要进行多测回观测，各测回的操作方法、步骤相同，只是每测回盘左位置瞄准第一个目标A时，都需要配置度盘。每个测回度盘读数需变化$180°/n$（n为测回数）。

（10）各测回观测完成后，应对同一目标的各测回的方向值进行比较，如果满足限差不大于24″的要求，求出各测回方向值的平均值。

2. 实验要求

（1）在指定的测站上安置仪器，进行对中、整平。

（2）旋转度盘影像变换旋钮，同时注意读数窗的变化，当旋钮上的标志线处于水平位置时，其读数窗显示的即为水平度盘影像；当标志线位于竖直位置时，读数窗显示的即为竖直度盘影像。调清楚十字丝，选择好起始方向，安置好度盘读数，消除视差，开始观测。

（3）前半测回时，顺时针观测，由上向下记录；后半测回时，逆时针观测，由下向上记录。在一个测回中不能改变望远镜和读数目镜的焦距。

（4）转动测微螺旋使度盘刻划线精确符合两次，读取读数两次，每次读数后，都立即记录。顺时针转动照准部，依次照准目标B、C，每照准一个目标时，都要符合两次，读取两次读数；最后再照准A，符合两次，读取读数两次。

（5）倒转望远镜至盘右位置，逆时针旋转照准部，依次照准A、C、B、A，在每个方向上都要符合两次，读取读数两次。

以上即完成一个测回。

（6）进行第二个测回的观测，其步骤同第一个测回的观测，只是在盘左照准A时，按计算结果设置角度。

（7）计算记录中所要求的内容，并检查结果是否满足限差要求，其限差见下表。

仪　器	半测回归零差	同方向各测回$2c$值互差	各测回同一方向值互差
DJ_6	18″	—	24″

（8）每两人轮流做一个测回，进行第二测回时重新对中、整平。

（9）填写实验记录，每人交一份。

8.5　注意事项

（1）测角时动作要轻，工作要仔细，照准要精确；一测回内不得重新调焦和二次整平仪器。

（2）进行读数时，度盘刻划线要精确符合。

（3）照准目标时，照准部要按规定方向旋转，如果旋转过多则继续旋转一周，不得回转。

（4）微动螺旋及测微螺旋要在前进方向即顺时针方向停止，如果照准或符合已经过头，不能再以前进方向旋转时，则应先后退到适宜位置，再以前进方向旋转。

（5）每人轮流做一遍，填写实验记录，每人交一份。

8.6　记录格式（见表 8）

实验9　竖直角测量

9.1　实验目的与要求

（1）了解光学经纬仪的竖盘构造、竖盘注记形式。

（2）掌握目标点的竖直角、竖盘指标差的观测与计算。

（3）本实验课时为2个学时。

9.2　实验内容

（1）练习仪器对中、整平；弄清竖盘、竖盘指标与竖盘指标水准管之间的关系。

（2）根据不同的竖盘刻度及构造，确定竖直角的计算公式。

（3）计算竖盘指标差 x。

（4）观测两个目标（一个仰角，一个俯角），测定其竖直角，判定是否满足精度要求，进行竖直角大小的计算。

9.3　实验组织和实验用具

每组借用：经纬仪1台，经纬仪脚架1个，记录板1块，伞1把。

每人自备：竖直角测量记录表1张，铅笔，小刀，计算器。

9.4　实验步骤和要求

1. 实验步骤

（1）领取仪器后，在各组给定的测站点上安置经纬仪，对中、整平，对照实物说出竖盘部分各部件的名称与作用。

（2）上下转动望远镜，观察竖盘读数的变化规律，确定出竖直角的推算公式，在记录表格备注栏内注明。

（3）选定远处较高的建（构）筑物（如水塔、楼房）上的避雷针、天线等作为目标。

（4）用望远镜盘左位置瞄准目标，用十字丝中丝切于目标顶端。

（5）转动竖盘指标水准管微倾螺旋，使竖盘指标水准管气泡居中（有竖盘指标自动归零补偿装置的光学经纬仪无此步骤）。

（6）读取竖盘读数 L，在记录表格中做好记录，并计算盘左上半测回竖直角值 $\alpha_{左}$。

（7）用望远镜盘右位置瞄准同一目标，同法进行观测，读取竖盘读数 R，记录并计算盘右下半测回竖直角值 $\alpha_{右}$。

（8）计算竖盘指标差 $x=\dfrac{1}{2}(\alpha_{右}-\alpha_{左})=\dfrac{1}{2}(R+L-360^\circ)$，在满足限差（$|x|\leqslant 25''$）要求的情

况下，计算上、下半测回竖直角的平均值 $\alpha=\frac{1}{2}(\alpha_{左}+\alpha_{右})$，即得一测回竖角值。

（9）同法进行第二个目标点的观测。检查各测回指标差互差（限差±25″）及竖直角值的互差（限差±25″）是否满足要求，如在限差要求范围之内，则可计算同一目标各测回竖直角的平均值。

2. 实验要求

（1）在指定的测站上安置好仪器，使竖盘指标水准管气泡居中。

（2）按指定的一仰角目标和一俯角目标，用盘左、盘右各测一次，求出竖直角和竖盘指标差 x。

（3）当竖盘指标水准管气泡不居中时，确定对竖直角的影响大小。

9.5　注意事项

（1）观测目标时，先调清楚十字丝，然后消除视差，每次读数时都要使指标水准管气泡居中或打开竖盘补偿器。观测过程中，应注意使十字丝的横丝瞄准同一位置。

（2）直接读取的竖盘读数并非竖直角，竖直角通过计算才能获得。因竖盘刻划注记和始读数的不同，计算竖直角的方法也就不同，要通过检测来确定正确的竖直角和指标差计算公式。测出的竖直角，要注意其正、负号。

（3）观测过程中，应注意观察管水准气泡，若发现气泡偏离值超过一格，应重新整平重测该测回。

（4）尽量用十字丝的交点来照准目标；进行竖直角观测时，应尽量用十字丝横丝切准目标的顶部。

9.6　记录格式（见表 9）

实验 10　经纬仪的检验与校正

10.1　实验目的与要求

（1）了解经纬仪各轴线间应满足的正常几何关系。

（2）熟悉经纬仪检验的方法。

（3）本实验课时为 2 个学时。

10.2　实验内容

（1）学习选择检验和校正经纬仪所需要的场地。

（2）练习检验、校正经纬仪的操作程序。

（3）练习照准部水准管轴垂直于仪器竖轴的检验，十字丝横丝垂直于仪器竖轴、视准轴垂直于仪器横轴的检验，竖盘指标差的检验。

10.3　实验组织和实验用具

每组借用：经纬仪 1 台，经纬仪脚架 1 个，测钎 3 根，水准尺 1 根，记录板 1 块，校正针 1 支。

每人自备：实验记录纸 1 张，铅笔，小刀。

10.4　实验步骤和要求

1. 照准部水准管的检验

检验要求：

（1）每人独立检验一次，做好记录。

（2）由两人的检验结果确定仪器是否满足理想的几何关系。

若两次检验气泡偏移均小于半格，即基本满足。

检验方法与步骤：

先将仪器整平，再使照准部水准管平行于任意两脚螺旋的连线，转动螺旋使气泡精确居中。然后将照准部转 180°，若气泡居中，则条件满足；若气泡偏离零点超过一格，则需要校正。

2. 十字丝竖丝的检验

检验要求：

（1）分别独立检验一次，记录竖丝对一固定点由一端到另一端的偏离长度（估计，以 mm 计）。

（2）以两人检验的近似结果作为仪器的关系状态指标。

检验方法与步骤：

先用十字丝的交点瞄准墙上的 A 点，再转望远镜微动螺旋使 A 沿竖丝相对移动至竖丝的一端。若 A 不偏离竖丝，则条件满足；否则，需要校正。

3. 望远镜视准轴的检验

检验要求：

（1）DJ_6 级经纬仪盘左、盘右观测同一目标、读数，算出 $2c$ 值。

（2）计算出 $2c$ 的大小。

检验方法与步骤：

① 在一平坦场地上选择 A、B 两点，在 A、B 两点（相距约 80 m）的中点 O 安置仪器，在 A 点竖立一标志，在 B 点横放一根水准尺或毫米分划尺，标志和水准尺的高度要与仪器大致相同。

② 盘左用十字丝交点照准 A 点，固定照准部，然后纵转望远镜，在 B 尺上读数 B_1。

③ 盘右再照准 A 点，固定照准部，然后纵转望远镜，在 B 尺上读数 B_2。若 B_1 和 B_2 两点重合，则条件满足；当 $2c$ 值超限时应校正。

4. 望远镜横轴的检验

检验要求：

（1）用盘左和盘右的视线在墙上指出 A、B 两点的距离小于 4 mm 时，即认为满足理想几何关系（墙高应在 10 m 以上，竖直角大于 30°）。

（2）两人检验的结果误差均不超过 2 mm，则取平均值作为检验仪器的横轴关系资料。

检验方法与步骤：

① 在距建筑物 20～30 m 处安置仪器，在建筑物高处选择一点 P（要求望远镜照准 P 点的视线倾角不小于 20°）。用盘左照准 P 点，使视线水平，在墙上标出十字丝交点瞄准的点 P_1。

② 盘右照准 P 点，使视线水平，在墙上标出十字丝交点瞄准的点 P_2。若 P_1、P_2 两点重合，则条件满足；否则需要校正。

5. 竖盘指标水准管的检验

检验要求：

（1）以盘左和盘右观测某一固定点的竖直角，并计算 $x=\dfrac{R+L-360°}{2}$。

（2）当 x 不超限时，即认为竖盘指标处于正常状态，但应计算出指标差。

检验方法与步骤：

盘左、盘右分别用十字丝横丝切准 A 点，使竖盘水准管气泡居中后读竖盘读数 L、R。竖盘指标 $x=\dfrac{1}{2}(R+L-360°)$，若 $x>\pm 60''$，需校正。

10.5　注意事项

（1）爱护仪器，不得随意拨动仪器的各个螺丝。

（2）需要校正的，应向指导教师说明仪器的几何关系和校正的方法，待取得同意后进行校正。

（3）校正应在教师指导下进行。检验和校正应反复进行，直至满足要求为止。

10.6　记录格式（见表 10）

实验 11　钢尺量距与用罗盘仪测定磁方位角

11.1　实验目的与要求

（1）熟悉距离丈量的工具、设备，认识罗盘仪的构造。

（2）掌握用钢尺进行距离丈量的一般方法。

（3）掌握用罗盘仪测定直线磁方位角的方法。

（4）本实验课时为 2 个学时。

11.2　实验内容

（1）认识罗盘的构造、各部件的名称以及功能。

（2）用钢尺按一般方法进行距离丈量。

（3）用罗盘仪测定直线的磁方位角。

（4）小组中的每人轮流独立进行。

11.3　实验组织和实验用具

每组借用：钢尺 1 把，测钎 1 束，花杆 3 根，罗盘仪（带脚架）1 个，木桩及小钉各 2 个，斧子 1 把，记录板 1 块。

每人自备：测角记录表 1 张，小刀，铅笔，计算器。

11.4　实验步骤和要求

1. 定　桩

在平坦场地上选定相距约 80 m 的 *A*、*B* 两点，打下木桩，在桩顶钉上小钉作为点位标志（若在坚硬的地面上，可直接画细十字线作标记）。在直线 *AB* 两端点上各竖立 1 根花杆。

2. 往　测

（1）后尺手手持钢尺尺头，站在 *A* 点花杆后，眼睛瞄向 *A*、*B* 花杆。

（2）前尺手手持钢尺尺盒并携带一根花杆和一束测钎沿 $A \rightarrow B$ 方向前行，行至约一整尺长处停下，根据后尺手的指挥，左、右移动花杆，将花杆准确插在 *AB* 直线上。

（3）后尺手将钢尺零点对准点 *A*，前尺手在 *AB* 直线上拉紧钢尺并使之保持水平，在钢尺一整尺注记处插下第一根测钎，完成一个整尺段的丈量。

（4）前后尺手同时提尺前进，当后尺手行至所插第一根测钎处，利用该测钎和点 *B* 处花杆定线，指挥前尺手将花杆插在第一根测钎与 *B* 点的直线上。

（5）后尺手将钢尺零点对准第一根测钎，前尺手同法在钢尺拉平后在一整尺注记处插入第二根测钎，随后后尺手将第一根测钎拔出收起。

（6）同法，丈量其他各尺段。

（7）到最后一段时，往往不足一整尺长。此时，后尺手将尺的零端对准测钎，前尺手拉平拉紧钢尺对准 *B* 点，读出尺上读数，读至 mm 位，即为余长 q，做好记录；然后，后尺手拔出收起最后一根测钎。

（8）此时，后尺手手中所收测钎数 n 即为 *AB* 距离的整尺数，整尺数乘以钢尺整尺长 l 加上最后一段余长 q 即为 *AB* 的往测距离。

3. 返　测

往测结束后，再由 *B* 点向 *A* 点进行定线量距，得到返测距离 D_{BA}。

4. 计算水平距离

根据往、返测距离 D_{AB} 和 D_{BA} 计算量距相对误差，再与容许误差 $K_{容}=1/3\,000$ 相比较。若精度满足要求，则 *AB* 距离的平均值 $\overline{D_{AB}}=(D_{AB}+D_{BA})/2$ 即为两点间的水平距离。

5. 罗盘仪定向

（1）在 *A* 点架设罗盘仪，对中。通过刻度盘内两个正交方向上的水准管调整刻度盘，使刻度盘处于水平状态。

（2）旋松罗盘仪刻度盘底部的磁针固定螺丝，使磁针落在顶针上。

（3）用望远镜瞄准 *B* 点（注意保持刻度盘处于整平状态）。

（4）当磁针摆动静止时，从刻度盘上读取磁针北端所指示的读数，估读到 0.5°，即得 *AB* 边的磁方位角，做好记录。

（5）在 *B* 点瞄准 *A* 点，测出 *BA* 边的磁方位角。最后，检查正、反磁方位角的互差是否超限（限差不大于 1°）。

11.5　注意事项

（1）钢尺必须经检定合格才能使用。

（2）拉尺时，尺面应保持水平，不得握住尺盒拉紧钢尺；收尺时，手摇柄沿顺时针方向旋转。

（3）钢卷尺尺质较脆，应避免过往行人、车辆的踩、压，避免在水中拖拉；用后要用油布擦净，然后卷入盒中。

（4）测磁方位角时，要认清磁针北端，并避免铁器干扰。搬迁罗盘仪时，要固定磁针。

（5）限差要求：量距的相对误差应小于 1/3 000，定向误差应小于 1°；超限时应重新测量。

（6）钢尺使用完毕，擦拭后归还。

11.6　实验问答

（1）钢尺量距往返测的相对误差如何计算？

（2）简述罗盘仪的操作过程。

实验 12　闭合导线测量

12.1　实验目的与要求

（1）掌握用钢尺丈量水平距离的方法。

（2）进一步掌握 DJ_6 级经纬仪（或电子经纬仪）用测回法测水平角的方法。

（3）了解用罗盘仪测定磁方位角的方法及其用途。

（4）掌握经纬仪导线测量外业记录与计算的方法和步骤。

（5）本实验课时为 4 个学时。

12.2　实验内容

（1）根据测区情况，选取 4 个导线点作为平面控制点。

（2）用钢尺或测距仪往返丈量 4 条导线边长。

（3）用经纬仪测回法观测 4 个内角。

（4）用罗盘仪测出导线始边的磁方位角。

（5）检核各相关参数的精度，并做好相应的记录、计算和检核；计算出导线各点的坐标。

12.3　实验组织和实验用具

每组借用：钢尺 1 把，垂球 2 个，测钎 1 组，DJ_6 级经纬仪 1 台（或电子经纬仪 1 台），经纬仪脚架 1 个，花杆 1 根，记录板 1 块。

每人自备：测角记录表、导线边长丈量记录表各 1 张，小刀，铅笔，计算器。

12.4　实验步骤和要求

1. 导线测量外业作业

导线测量外业作业包括踏勘选点、测角、量边、测量方向和连接测量。

（1）踏勘选点。

踏勘选点前，应收集测区原有地形图和已有高级控制点的坐标和高程，将控制点展绘在原有地形图上，在图上规划导线的布设方案，然后到实地选定各点点位并建立标志。如果没有测区的相关资料，则需详细踏勘现场，根据已知控制点的分布、测区地形条件以及测图和施工需要等具体情况，合理选点。

踏勘是为了了解测区范围、地形及控制点情况，以便确定导线的形式和布置方案；选点应考虑便于导线测量、地形测量和施工放样等。选点时应注意以下几个方面：

① 相邻导线点间必须通视良好，便于测角和量距。

② 等级导线点应便于加密图根点，导线点应选在地势高、视野开阔便于碎部测量的地方。

③ 导线边长应符合测量规范的规定。

④ 密度适宜、点位均匀、土质坚硬、易于保存及寻找。

选好点后用油漆做好标记或直接在地上打入木桩，桩顶钉一小铁钉或画“+”作点的标志，必要时在木桩周围灌上混凝土，埋桩后应统一进行编号。

（2）测角。

可测左角，也可测右角（闭合导线观测内角）。

（3）量边。

导线边长可采用检定过的钢尺丈量。用钢尺量距时，应往返测，其相对中误差不得超过1/2 000，困难地区不得超过1/1 000。目前多采用光电测距，往返观测互差不得大于仪器标称精度的2倍，同时需要对导线边长进行仪器加常数与乘常数改正、气象改正以及倾斜改正。随着测绘技术的发展，全站仪测量已成为距离测量的主要手段，可以直接读出水平距离。

（4）测量方向和连接测量。

测区内有国家高级控制点时，可与控制点联测推求方位；当联测有困难时，也可采用罗盘仪测磁方位或陀螺经纬仪测定方向。连接角应比转折角多测一个测回。

2. 用钢尺一般丈量进行往返测

利用罗盘仪测出始边的磁方位角；给出起点的假设坐标，令 $x_1 = 500.00\ \text{m}$，$y_1 = 500.00\ \text{m}$。

3. 测水平角和导线边长

每组在指定的导线点上安置经纬仪，测出水平角和丈量出相对应的导线边长。内角测一个测回，上、下半测回的差值应不超过±40″。边长往返丈量中，相对较差应满足1/3 000的要求。

4. 内业数据处理

一个闭合环的资料汇总后，角度闭合差满足 $f_\beta = \pm 60''\sqrt{n}$ 时，将点号、各点所测水平角各边边长、起始边方位角、起点坐标填入导线计算表。按《工程测量学》讲解的计算方法计算各点坐标。每人计算一份坐标资料。

12.5 注意事项

（1）选取的导线点应稳妥、便于保存标志、安置仪器以及控制整个测区。

（2）磁方位角可以用罗盘仪测定。

（3）水平角和导线边长测量中，在时间允许的情况下，水平角应观测2个测回，导线边长进行往返丈量。

（4）一个闭合环的资料汇总之后，在角度闭合差合限的情况下，才能进行坐标计算，最后的导线闭合差 $K = f/L < 1/2\,000$，否则应进行外业检查；每站观测完毕，随即算出的结果如果不符合要求，应立即重新观测。

12.6 记录格式（见表11）

实验 13　线路纵、横断面测量

13.1　实验目的与要求

（1）初步掌握线路纵、横断面水准测量的过程及基本方法。

（2）掌握纵、横断面图的绘制方法。

（3）本实验课时为 4 个学时。

13.2　实验内容

（1）测定线路中线各里程桩和测站点的地面高程。

（2）根据各测点各高程大小，绘制线路纵断面图。

13.3　实验组织和实验用具

每组借用：水准仪 1 台，水准仪脚架 1 个，水准尺 2 根，尺垫 2 个，皮尺 1 把，木桩若干个，方向架 1 个，斧子 1 把，记录板 1 块，伞 1 把，格网纸 1 张。

每人自备：铅笔，计算器，记录表格。

13.4　实验步骤和要求

1. 准备工作

（1）指导教师现场讲解测量过程、方法及注意事项。

（2）在给定区域选定一条约 300 m 长的路线，在两端点钉木桩。用皮尺量距，每 30 m 处钉一中桩，并在坡度及方向变化处钉加桩，在木桩侧面标注桩号。起点桩桩号为 0+000，如图 2.2 所示。

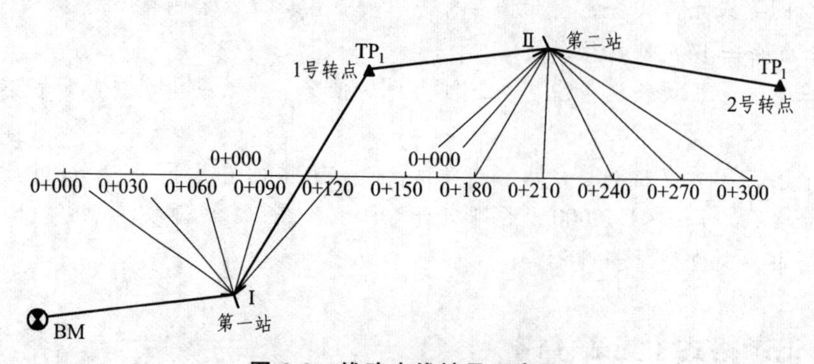

图 2.2　线路中线桩号示意图

2. 纵断面测量

（1）水准仪安置在起点桩与第一转点间适当位置作为第一站 I，瞄准（后视）立在附近水准点 BM 上的水准尺，读取后视读数 a（读至 mm），填入记录表格，计算第一站视线高 H_{I}（$H_{\mathrm{I}} = H_{\mathrm{BM}} + a$）。

（2）兼顾整个测量过程，选择前视方向上的第一个转点 TP_1，瞄准（前视）立在转点 TP_1 上的水准尺，读取前视读数 b（读至 mm），填入记录表格，计算转点 TP_1 的高程（$H_{TP_1} = H_{\mathrm{I}} - b$）。

（3）依此瞄准（中视）本站所能测到的立在各中桩及加桩上的水准尺，读取中视读数 S_i（读至 cm），填入记录表格，利用视线高计算中桩及加桩的高程（$H_i = H_{\mathrm{I}} - S_i$）。

（4）仪器搬至第二站Ⅱ，选择第二站前视方向上的 2 号转点 TP_2。仪器安置好后，瞄准（后视）TP_1 上的水准尺，读数，记录，计算第二站视线高 H_{II}；观测前视 TP_2 上的水准尺，读数，记录并计算 2 号转点 TP_2 的高程 H_{TP_2}。同法继续进行观测，直至线路终点。

（5）为了进行检核，可由线路终点返测至已知水准点，此时不需观测各中间点。

3. 横断面测量

每人选一里程桩进行横断面水准测量。在里程桩上，用方向架确定线路的垂直方向，在中线左右两侧各测 20 m，中桩至左、右侧各坡度变化点距离用皮尺丈量，读至 dm；高差用水准仪测定，读至 cm，并将数据填入横断面测量记录表中。

4. 纵横断面图的绘制

外业测量完成后，可在室内进行纵、横断面图的绘制。纵断面图：水平距离比例尺可取为 1∶1 000，高程比例尺可取为 1∶100；横断面图：水平距离比例尺可取为 1∶100，高程比例尺可取为 1∶100。纵、横断面图绘制在格网纸上（横断面图也可在现场边测、边绘并及时与实地对照检查）。

5. 内业作业

根据数据和要求绘图，并打印成果，每组交一份。

13.5　注意事项

（1）中间视点因无检核条件，所以在读数与计算时，要认真细致，互相核准，避免出错。在阳光下观测时，仪器及反光镜要打伞。

（2）进行横断面水准测量与横断面绘制时，应按线路延伸方向划定左右方向，切勿弄错。

（3）线路往、返测量高差闭合差的限差应按普通水准测量的要求计算：

$$f_{h容} = \pm 12\sqrt{n}$$

式中，n 为测站数，超限应重新测量。

照准头切忌对向太阳，以防将发光及接收管烧坏。

（4）在不了解操作方法以前，不得乱动仪器。

13.6　实验问答

计算各测定线路中线里程桩的高程的步骤有哪些？

实验 14　全站仪的认识及使用

14.1 实验目的与要求

（1）了解全站仪的构造及其功能。
（2）掌握全站仪的操作和使用方法。
（3）本实验课时为 2 个学时。

14.2　实验内容

（1）认识全站仪的基本构造及性能，熟悉各操作键的名称及其功能，并熟悉使用方法。
（2）学习全站仪的安置方法和角度测量、距离测量的基本使用方法。

14.3　实验组织和实验用具

每组借用：全站仪 1 台，三脚架 1 个，棱镜 1 个，棱镜杆 1 个，记录板 1 块，伞 1 把。
每人自备：全站仪记录表1张，铅笔，小刀。

14.4　实验步骤和要求

1. 全站仪的构造

（1）通过教师讲解和阅读全站仪使用说明书了解全站仪的基本结构及各操作部件的名称和作用。

（2）了解全站仪键盘上各按键的名称及其功能、显示符号的含义并熟悉角度测量、距离测量和坐标测量模式间的切换。

2. 全站仪的架设

（1）全站仪的架设。各小组在给定的测站点上架设仪器（从箱中取仪器时，应注意仪器的装箱位置，以便用后装箱）。在测站点上撑开脚架，高度应适中，架头应大致水平；然后把全站仪安放到脚架的架头上。安放仪器时，一手扶住仪器，一手旋转位于架头底部的连接螺旋，使连接螺旋穿入全站仪基座压板螺孔，并旋紧螺旋。

（2）全站仪的对中和整平（光学对中器或激光对中器）。

① 将仪器中心大致对准地面测站点。

② 通过旋转光学对中器的目镜调焦螺旋，使分划板对中圈清晰；通过推、拉光学对中器的镜管进行对光，使对中圈和地面测站点标志都清晰显示。

③ 移动脚架，使地面测站点标志位于对中圈附近，调节脚螺旋，严格对中。

④ 逐一松开脚架架腿制动螺旋并利用伸缩架腿，使圆水准器气泡居中，大致整平仪器。

⑤ 用脚螺旋使照准部水准管气泡居中，整平仪器。转动照准部，使水准管平行于任意一

对脚螺旋，同时相对（或相反）旋转这两只脚螺旋（气泡移动的方向与左手大拇指行进方向一致），使水准管气泡居中；然后将照准部绕竖轴转动90°，再转动第三只脚螺旋，使气泡居中。如此反复进行，直到照准部转到任何方向，气泡在水准管内的偏移都不超过刻划线的一格为止。

⑥ 检查对中器中地面测站点是否偏离分划板对中圈。若发生偏离，则松开底座下的连接螺旋，在架头上轻轻平移仪器，使地面测站点回到对中器分划板刻划对中圈内。

⑦ 检查照准部水准管气泡是否居中。若气泡发生偏离，需再次整平，即重复前面的过程，最后旋紧连接螺旋。

3. 瞄准目标

取下望远镜的镜盖，将望远镜对准天空（或远处明亮背景），转动望远镜的目镜调焦螺旋，使十字丝最清晰；然后用望远镜上的照门和准星瞄准远处一线状目标（如避雷针、天线等），旋紧望远镜和照准部的制动螺旋，转动对光螺旋（物镜调焦螺旋），使目标影像清晰；再转动望远镜和照准部的微动螺旋，使目标（影像较小时）被十字丝的纵向单丝平分或目标（影像较大时）被纵向双丝夹在中央。瞄准目标前注意消除视差。

4. 读数记录

（1）照准目标后，按全站仪上的观测键，会在屏幕上显示水平方向、天顶距和距离读数。

（2）用2H或3H铅笔将相关测量数据距离在表格中，所有读数应当场记入手簿中。

（3）记录、计算一律精确至秒。

14.5　注意事项

（1）使用时全站仪必须严格遵守操作规程，爱护仪器。按按钮及按键时，动作要轻，用力不可过大及过猛。切忌用手触摸反光镜及仪器的玻璃表面。

（2）仪器对中完成后，应检查连接螺旋是否使仪器与脚架牢固连接，以防仪器摔落。

（3）在阳光下使用全站仪测量时，一定要撑伞遮掩仪器，严禁用望远镜正对阳光。

（4）当电池电量不足时，应立即结束操作，更换电池。在装卸电池时，必须先关闭电源。

（5）迁站时，即使距离很近，也必须取下全站仪装箱搬运，并注意防震。

（6）在不了解操作方法以前，不得乱动仪器。

（7）观测应有秩序地进行，不得争抢。

（8）仪器及反光镜要时常有人守候。

14.6　记录格式（见表12）

实验 15　全站仪坐标测量

15.1 实验目的与要求

（1）掌握全站仪的构造及其功能。

（2）掌握全站仪的操作和使用方法。

（3）本实验课时为 2 个学时。

15.2　实验内容

（1）进一步认识全站仪的基本构造及性能，熟悉各操作键的名称及其功能。

（2）通过练习，掌握全站仪的安置方法和坐标测量等功能的使用方法。

15.3　实验组织和实验用具

每组借用：全站仪 1 台，三脚架 1 个，棱镜 1 个，棱镜杆 1 个，记录板 1 块，伞 1 把。

每人自备：全站仪记录表 1 张，铅笔，小刀。

15.4　实验步骤和要求

1. 全站仪的构造

（1）通过教师讲解和阅读全站仪使用说明书了解全站仪的基本结构及各操作部件的名称和作用。

（2）了解全站仪键盘上各按键的名称及其功能、显示符号的含义并熟悉坐标测量等高级功能的操作。

2. 全站仪的架设

（1）全站仪的架设。

（2）全站仪的对中和整平（光学对中器或激光对中器）。

3. 瞄准目标

取下望远镜的镜盖，将望远镜对准天空（或远处明亮背景），转动望远镜的目镜调焦螺旋，使十字丝最清晰；然后用望远镜上的照门和准星瞄准远处一线状目标（如避雷针、天线等），旋紧望远镜和照准部的制动螺旋，转动对光螺旋（物镜调焦螺旋），使目标影像清晰；再转动望远镜和照准部的微动螺旋，使目标（影像较小时）被十字丝的纵向单丝平分或目标（影像较大时）被纵向双丝夹在中央。瞄准目标前注意消除视差。

4. 坐标测定

（1）量取仪器高、棱镜高。

（2）进入坐标测量模式，输入测站 *O* 点坐标（如 1000，1000）、仪器高、棱镜高。

（3）假定 *A* 点为北方向，切换至坐标测量模式，置盘—令水平度盘读数为 0°00′00″。（注：如 *A* 也为已知点则可输入 *OA* 的方位角）。

（4）切换至坐标测量模式，测量 *A* 点坐标及 *B* 点坐标。检验 *A* 的 *x* 坐标增量是否与 *OA* 的水平距离相符。

5. 数据采集形成坐标文件

（1）进入菜单模式—数据采集—输入数据文件名。

（2）设置测站点：按“测站”输入测站坐标（如 1000、1000、100）及仪器高。瞄准左前方 *A* 点的棱镜。

（3）设置后视点：按“后视”输入后视点坐标（如 1050、1000）或输入后视方位角（如 0°00′00″）、棱镜高。（坐标定后视或角度定后视均可）

（4）开始测量（采集坐标 *A*、*B* 两点坐标）。

（5）进入内存管理菜单，查看所采集的坐标数据。

6. 读数记录

（1）照准目标后，按全站仪上的观测键，在屏幕上显示待测点坐标等数据。

（2）用 2H 或 3H 铅笔将相关测量数据距离在表格中，所有读数应当场记入手簿中。

（3）记录、计算一律精确至秒。

15.5 注意事项

（1）使用全站仪时必须严格遵守操作规程，爱护仪器。按按钮及按键时，动作要轻，用力不可过大及过猛。切忌用手触摸反光镜及仪器的玻璃表面。

（2）仪器对中完成后，应检查连接螺旋是否使仪器与脚架牢固连接，以防仪器摔落。

（3）在阳光下使用全站仪测量时，一定要撑伞遮掩仪器，严禁用望远镜正对阳光。

（4）当电池电量不足时，应立即结束操作，更换电池。在装卸电池时，必须先关闭电源。

（5）迁站时，即使距离很近，也必须取下全站仪装箱搬运，并注意防震。

（6）在不了解操作方法以前，不得乱动仪器。

（7）观测应有秩序地进行，不得争抢。

（8）仪器及反光镜要时常有人守护。

15.6 记录格式（见表 13）

实验 16 用全站仪测设水平角、水平距离及坐标放样

16.1 实验目的与要求

（1）对测设工作有一个综合性的了解。

（2）掌握用全站仪放样水平角、水平距离及坐标的方法

（3）加深对测量工作在工程中应用的认识，提高测量的综合能力。

（4）本实验课时为 2 个学时。

16.2 实验内容

（1）练习用全站仪在地面上测设水平角。

（2）练习用全站仪在地面上测设水平距离。

（3）练习用全站仪按给定坐标测设点位。

16.3 实验组织和实验用具

每组借用：全站仪 1 台，配套三脚架 1 个，单棱镜（包括对中杆）2 套，小钢卷尺 1 把，测钎 4 根，木桩和小钉若干个，斧子 1 把，记录板 1 块，伞 1 把，地形图 1 张。

每人自备：铅笔，三角板，计算器。

16.4 实验步骤和要求

1. 准备工作

（1）实验指导教师交代实验程序，提供控制点位置、后视点的位置、点位坐标数据及测设数据。

（2）必要时，可提前按照说明书对仪器进行参数预置。

2. 全站仪的使用（键位以出厂默认位置为准）

（1）水平角度测设。

① 在给定的方向线的起点上安置（对中、整平）全站仪，安装电池后按 ON 键开机，竖向转动望远镜使竖盘初始化;左右转动照准部使水平度盘初始化,屏幕显示测量模式的第一页。

② 仪器瞄准给定方向线的终点，按 F3 [置零]键两次，使显示的水平方向值为 0°00′00″。

③ 旋转照准部，直到屏幕显示的水平方向值约为测设的角度值，用制动螺旋固定照准部，转动微动螺旋，使屏幕显示的水平方向值为测设的角度值，在视线方向可作为标志表示。

（2）水平距离测设。

① 按照水平角度测设的第一步、第二步进行，量取仪器高，记录。

② 按 FUNC 键两次，进入测量模式的第三页。按 F4 [放样]键后，在显示的屏幕中用光标选择按 ↵ 键确认后，在接下来显示的屏幕中，选择按 ↵ 键确认。

③ 按 F3[编辑]键后，输入测站坐标（E_O，N_O，Z_O）、仪器高及棱镜高后，按↵键确认，按 F4[OK]键。

④ 用光标选择（S-O data），按↵键确认。

⑤ 按 F2[▲S-O]键，显示放样水平距离功能模式界面（S-O H）。

⑥ 按 F3[编辑]键，输入放样水平距离值后，按↵键确认；同时输入放样水平方向值，按↵键确认。最后按 F4[OK]键。

⑦ 旋转照准部,直到屏幕显示的水平方向值约为输入的方向值,用制动螺旋固定照准部，转动微动螺旋，使屏幕显示的 dHA 为 0°00′00″，将棱镜对中杆置于仪器视线方向上放样点的大致位置上。

⑧ 按 F1[观测]键开始距离测量，棱镜与放样目标点的距离显示在 S-OH 旁，前后移动棱镜对中杆，直到棱镜与目标点的距离显示为 0。

⑨ 当棱镜位于测设距离点附近时，屏幕上显示出上、下、左、右 4 个表示调整方向的箭头，当棱镜进行相应调整，且所有箭头均消失后，按 F4[停]键，标志地面点。

（3）坐标测设。

① 在测站点上安置仪器后，开机，量取仪器高，记录。

② 按 FUNC 键两次，进入测量模式的第三页。按 F4[放样]键后，在显示的屏幕中用光标选择按↵键确认后，在接下来显示的屏幕中，选择按↵键确认。

③ 按 F3[编辑]键后，输入测站坐标（E_O，N_O，Z_O）、仪器高及棱镜高后，按↵键确认，再按 F4[OK]键。

④ 用光标选择（Set H angle）按↵键确认。

⑤ 在出现的界面上的选择（Back sihgt）菜单栏中按↵键确认。

⑥ 按 F3 编辑]键后，分别输入后视点的坐标（E_b，N_b，Z_b），按↵键确认，最后按 F4[OK]键。

⑦ 按 F4[OK]键后，瞄准后视点，然后按 F4[YES]键。

⑧ 按 F2[▲S-O]键，在坐标放样界面 S-O Coord，按 F3[编辑]键，输入给定的放样点 P 的坐标（N_P，E_P，H_P）及目标棱镜高（Tgt.h），按↵键确认，再按 F4[OK]键。

⑨ 按 F1 键（观测）开始坐标放样测量，按屏幕显示箭头指挥棱镜前后左右移动，直到屏幕显示箭头消失为止，则对中杆所确定的地面点即为测设目标点。

再按上述方法测设其他点。

3. 按极坐标法进行点位的测设

（1）将全站仪安置在给定方向线的起点上，用小钢卷尺量取仪器高并做好记录。

（2）按 POWER 键开机，仪器自检、竖盘初始化后，自动切换到角度测量模式屏幕。

（3）将仪器瞄准给定方向线的另一点作为后视点。

（4）按 F4[P1↓]键调出测量模式屏幕的第三页；按 F2[R/L]键，设置水平方向值显示为“HR”；再按 F4[P1↓]键，返回第一页。

（5）按 F3[置盘]键后，按 F1[输入]键，输入给定的角值。按 F4[回车]键，返回角度测量模式。

（6）向左旋转仪器照准部，直到屏幕上“HR”旁的水平角读数变为“0º00′00″”，固定照准部，并在视线方向上竖立棱镜。

（7）按◢键选择距离测量模式。

（8）在距离测量模式界面上，按F4[P1↓]键，调出距离模式屏幕的第二页，在该页按F2[放样]键，屏幕显示以前设置的数值，按F1键为选择放样平距。

（9）按F1[输入]键，输入测设距离的值，然后按F4[回车]键。则开始距离测量，屏幕显示出所测距离与放样距离的差值“dHD”，在视线方向上调整棱镜，直到所测距离与放样距离的差值为“0”为止，在地面标定测设目标点。

16.5　注意事项

（1）测设数据经校核无误后才能使用，测设完毕还应进行检测。

（2）全站仪的仪器常数，一般在出厂时经严格测定并进行了设置，故一般不要自行进行此项的设置，其余设置应在教师指导下进行。

（3）在关闭电源时，全站仪最好处于主菜单显示屏或角度测量模式，这样可以确保存储器输入、输出的过程完整，避免数据丢失。

（4）全站仪内存中的数据文件可以通过I/O接口传送到计算机上，也可以从计算机上将坐标数据文件和编码库数据直接装入仪器内存。有关内容可参阅仪器操作手册。

16.6　记录格式（见表14、表15）

实验 17　GPS 的认识和使用

17.1　实验目的与要求

（1）了解 GPS 接收机的组成及各部件的作用、使用方法。
（2）加深对全球定位系统——GPS 概念的理解。
（3）本实验课时为 2 个学时。

17.2　实验内容

认识 Trimble R8 型 GPS 的主要构成、各部分功能并学会其操作使用方法。

17.3　实验组织和实验用具

每组借用：GPS 一套，记录板 1 块，伞 1 把。
每人自备：计算器，铅笔。

17.4　实验步骤和要求

（1）安置仪器。
① 在测站点 *A* 上安置脚架、基座，对中、整平。
② 在基座上安置 GPS 天线，按附录连接好天线、传感器、控制器和电池。
（2）用测高尺丈量仪器高。
（3）开机，熟悉控制器主菜单。
（4）打开配置菜单，配置用户所要求的功能。
（5）数据记录装置的格式化。
（6）设置测量任务。
（7）运行测量任务。

17.5　注意事项

（1）GPS 接收机是目前技术先进、价格昂贵的测量仪器，在安置和使用时必须严格遵守操作规程，注意爱护仪器。

（2）使用仪器时注意防潮、防晒。

（3）GPS 接收机后面板的电源接口具有方向性，接电缆线使注意红点对红点拔插，千万不能旋转插头。

（4）应使用具有电源切换功能的电源接口。更换电池时注意 GPS 接收机前面板的电池使用提示，注意不要拔错电缆线。

17.6　记录格式（见表 16）

第3部分 测量实习

3.1 测量实习任务书及指导书

1. 测量教学实习的目的

测量教学实习是在学生学习了测量学理论知识及课间测量基础实验的基础上，在确定的实习地点和某一段时间内集中进行的综合性测量实践教学活动。测量实习是“工程测量学”教学的重要组成部分，是深化对理论知识理解的重要教学环节。通过测量教学实习可以让学生将已学过的测量基本理论、基本知识综合起来进行一次系统的实践，不仅能巩固、扩展和加深从课堂上所学的理论知识，系统地掌握测量仪器操作、施测计算、地形图绘制等基本技能，获得测量实际工作的基本技能和初步经验，还可以了解基本测绘工作的全过程，使其在业务组织能力和实际工作能力方面得到锻炼，提高独立思考、相互协作和解决实际问题的能力，并培养吃苦耐劳、诚实自信的品质和认真负责、团结协作的工作作风，为今后实际工作打好基础。

测量教学实习的总要求：实习中的每一项测绘工作每个学生都应轮流地做一遍，按质、按量、按时完成规定的测绘任务，并交付出成果资料。

2. 测量教学实习的特点

测量教学实习是培养在校学生德、智、体全面发展的一个重要环节。测量教学实习在一定意义上是测量工作的预演和浓缩，因此，可以将其视为实际的工程测量工作来对待。测量工作具有精细严谨、工作强度大、工作环境艰苦等特点，因而，在实习中除了要求学生牢固地掌握测量理论知识外，还必须具备和培养细心、团结协作、吃苦耐劳、独立完成任务的精神。

3. 测量教学实习方案的制订

测量教学实习一般安排在学期末的前两周（或工程测量理论课程结束后的一两周）进行，这时学生的工程测量理论课基本结束，能全身心投入到实习中，能保证实习的效果、时间一致和仪器的安全。

测量教学实习的地点可视学校具体情况而定。有校外测量实习基地的可将测量教学实习安排在校外；也可以按“就地就近”原则在学校内或附近指定测区范围，作为测量教学实习的地点。

测量教学实习由所在院、系主管教学的领导负责，指导、协调、检查实习工作的落实情况。各个班级配备指导教师负责班级的测量实习工作。

测量教学实习以测量实习小组为单元，每个小组由4~5位同学组成，并选出小组长，由小组长全面负责本小组的实习工作。

测量教学实习的内容主要是测量学的两大内容，即大比例尺地形图的测绘和图上设计及其测设。

测量教学实习的工作种类分外业和内业两大类。

测量教学实习应根据测量教学的基本要求，结合测区的基本情况提前制订实习方案，预算实习经费并上报审批。

测量教学实习方案的主要内容包括：实习班级名称、实习教师配备、实习时间、实习性质（教学实习或结合生产任务的实习）、实习地点、实习目的与要求、实习内容、实习方法与技术要求、实习程序与进度、实习中的注意事项、实习技术总结报告与成果的要求、实习的考核方法及成绩评定、参考书与资料。

4. 测量教学实习的内容

测量教学实习内容有：大比例尺地形图的测绘、地形图的判读、线路综合测设、成果整理上交、技术总结和考核工作。

（1）大比例尺地形图的测绘。

内容包括：准备工作，控制测量，碎部测量，地形图的拼接、检查和整饰。

① 准备工作。

准备工作做好与否是关系到测量教学实习是否能够顺利进行的关键条件之一。因此，应注意做好准备工作，为测量教学实习打好基础。准备工作主要指测区准备、仪器准备以及其他准备。测区准备一般在前期由指导教师进行。

② 控制测量。

根据测量工作的组织程序和原则可知，进行任何一项测量工作都要首先进行整体布置，然后再分区、分期、分批实施。即首先建立平面和高程控制网，在此基础上进行碎部测量及其他测量工作。对控制网进行布设，观测、计算，确定控制点的位置的工作称为控制测量。在测量教学实习中的控制测量工作主要有图根平面控制测量、图根高程控制测量。

③ 碎部测量。

碎部测量是测量教学实习的中心工作。通过碎部测量，把测定的碎部点人工展绘在图纸上，称为白纸测图。将碎部测量结果自动储存在计算机上，根据测站坐标及野外测量数据计算出碎部点坐标，利用计算机绘制地形图，即数字化测图。这两种方法都是测量教学实习中主要使用的碎部测量方法。

④ 地形图的拼接、检查和整饰。

当测区面积较大，采用分幅测图时就需要进行图纸的拼接。拼接工作在相邻的图幅间进行，其目的是检查或消除因测量误差和绘图误差引起的、相邻图幅衔接处的地形偏差。如果实习属无图拼接，则可不进行此项工作。

为确保地形图的质量，在碎部测量完成后，需要对成图质量进行一次全面检查，分室内检查和室外检查两项。

以上工作全部完成后，按照大比例尺地形图规定的符号及格式，用铅笔对原图进行整饰，要求达到真实、准确、清晰、美观的效果。

（2）地形图的判读。

野外判读地形图，就是将地形图上的地物、地貌与实地一一对应起来，其内容包括地形图定向和读图。

① 地形图定向。

在地形图上找到站立点的位置，再在实地上找一个距站立点较远的明显目标（如地物、山头、鞍部、控制点、道路交叉口等），并在图上找到该点，使图上与实地的目标点在同一方向上。

② 读图。

读图的依据是地物、地貌的形状、大小及其相关位置关系。有意识地加强读图能力可为应用地形图和碎部测量创造良好的条件。

（3）线路综合测设。

利用全站仪进行线路综合测设的内容包括测设资料的计算、中桩边桩测设、纵横断面测量、断面数据处理和绘图等。

5. 测量教学实习的程序和进度

测量教学实习的程序和进度应依据实际情况制定。其原则是，既要保证在规定的时间内完成测量实习任务，又要注意保质、保量地做好每一环节的工作；在实施中遇到雨、雪天气时，还要做到灵活调整，使测量教学实习能够顺利进行。实习的程序和进度可参照表 3.1 安排。

表 3.1 测量教学实习程序进度

实习项目	时间	任务与要求
准备工作	1 天	实习动员，布置任务；设备及资料领取；仪器、工具的检验与校正
图根控制测量	2 天	测区踏堪，选点；水平角测量；边长测量；高程测量；控制测量内业计算
地形图测绘	4 天	图纸准备；碎部测量；地形图的拼接、检查及整饰
地形图判读及应用	0.5 天	地形图定向；读图
线路综合测设	1 天	测设资料的计算，中桩边桩测设，纵、横断面测量，断面数据处理和绘图
实习总结及考核	1 天	编写实习技术总结报告；考核：动手测试、笔试、口试
实习结束工作	0.5	仪器归还，成果上交
合计	10 天（两周）	

注：表中所列内容，有些属于各个专业必做的基本实习，有些则可根据专业的不同进行选择。

3.2 测量教学实习的准备工作

1. 测区的准备

测区的准备一般在测量实习之前由教师先行实施。在测量教学实习之前应对所选定的测区进行考察，全面了解测区的基本情况，并论证其作为测区的可行性。如果是结合生产任务的实习，还应确认测区是否满足测量实习的要求，并与生产单位签订测量实习协议书。

测区确定后，根据需要还应事先建立测区首级控制网，进行测区首级控制测量，以获得图根测量所需的平面控制点坐标及高程（已知数据）。

测区首级控制测量工作完成后，给各小组分发控制点成果表，为实习小组提供图根控制测量选点、测量、计算的依据。

2. 测量实习动员

实习动员是测量教学实习的一个重要环节。因此，在进入实习场地前，应进行思想动员，对各项工作做系统、充分地安排。

实习动员由院、系领导主持，以大会的形式实施动员。第一，在思想认识上让学生明确实习的重要性和必要性。第二，提出实习的任务和计划并布置任务，宣布实习组织结构，分组名单，让学生明确这次实习的任务和安排。第三，对实习的纪律做出要求，明确请假制度，制定作息时间，建立考核制度。在动员中，要说明仪器、工具的借领方法和损耗赔偿规定；指出实习注意事项，特别是注意人身和仪器设备的安全，以保证实习的顺利进行。实习动员对整个实习的进行有着重要的作用，务必重视。

实习动员结束后，应安排专门的时间按小组进行测量规范的学习，并将测量规范内容列为考核内容。同时还要组织学生学习《测量实验、实习须知》，以保证在实习过程中严格执行有关规定。

3. 测量实习仪器和工具的准备

（1）测量实习仪器和工具的领取。

在测量教学实习中，要做各种测量工作，不同的测量往往需要使用不同的仪器。测量小组可根据测量方法配备仪器和工具。

在进行图根控制测量时，图根控制网原则上可采用经纬仪导线或经纬仪红外测距导线，使同学们全面掌握导线测量的各个环节。碎部测量中，可根据学校仪器设备的配置情况，采用数字测图的方法或经纬仪测图法。

（2）测量仪器检验与校正。

借领仪器后，应认真对照清单仔细清点仪器和工具的数量，核对编号，发现问题及时提出，同时对仪器进行检查。

① 仪器的一般性检查。

a. 仪器检查。

仪器应表面无碰伤、盖板及部件结合整齐，密封性好；仪器与三脚架连接稳固无松动；仪器转动灵活，制、微动螺旋工作良好；水准器状态良好；望远镜对光清晰、目镜调焦螺旋使用正常；读数窗成像清晰。全站仪等电子仪器除进行上述检查外，还需检查操作键盘的按键功能是否正常，反应是否灵敏；信号及信息显示是否清晰、完整，功能是否正常。

b. 三脚架检查。

三脚架是否伸缩灵活自如，脚架紧固螺旋功能是否正常。

c. 水准尺检查。

水准尺尺身是否平直，水准尺尺面分划是否清晰。

d. 反射棱镜检查。

反射棱镜镜面是否完整无裂痕，反射棱镜与安装设备是否配套。

② 仪器的检验与校正。

仪器的检验与校正可参照测量实验部分进行。

4. 技术资料的准备

在测量实习中，所采用的技术标准是以测量规范为依据的，故测量规范是测量实习中指导各项工作不可缺少的技术资料，可到图书馆或资料室借阅。

3.3 大比例尺地形图测绘

3.3.1 经纬仪测绘法测图

1. 图根控制测量

各小组根据地形图的分幅图了解小组的测图范围、控制点的分布情况，在此基础上在小组的测图范围建立图根控制网。在建立图根控制时，可以根据测区高级控制点的分布情况，布置成附合导线、闭合导线。在有些情况下，也可以采用图根三角建立控制网，本处以图根导线为例说明图根控制的建立方法。图根导线测量的内容分外业工作和内业计算两部分。

(1) 图根导线测量的外业工作。

① 踏勘选点。

各小组在指定测区进行踏勘，了解测区的地形条件和地物分布情况，根据测区范围及测图要求确定布网方案。选点时应在相邻两点上各站一人，相互通视后方可确定点位。

选点时应注意以下几点：

a. 相邻点间通视好，地势较平坦，便于测角和量边。

b. 点位应选在土地坚实，便于保存标志和安置仪器处。

c. 视野开阔，便于进行地形、地物的碎部测量。

d. 相邻导线边的长度应大致相等。

e. 控制点应有足够的密度，分布较均匀，便于控制整个测区。

f. 各小组间的控制点应分布合理，避免互相遮挡视线。

点位选定之后，应立即做好标记：若在土质地面上，可打木桩，并在桩顶钉小钉或画“十”字作为点的标志；若在水泥等较硬的地面上，可用油漆画“十”字标记。在点标记旁边的固定地物上用油漆标明导线点的位置并编写组别与点号。导线点应分等级统一编号，以便于测量资料的管理。为了使所测角既是内角也是左角，闭合导线点可按逆时针方向编号。

② 平面控制测量。

a. 导线转折角测量。

导线转折角是由相邻导线边构成的水平角。一般测定导线延伸方向左侧的转折角，闭合导线大多测内角。图根导线转折角可用 DJ_6 级经纬仪按测回法观测一个测回。要求其对中误差应不超过 3 mm，水平角上、下半测回角值之差应不超过 40″；否则，应予以重新测量。其图根导线角度闭合差应不超过$\pm 60'' \sqrt{n}$，其中 n 为导线的观测角度个数。

b. 边长测量。

边长测量就是测量相邻导线点间的水平距离。经纬仪-钢尺导线的边长测量采用钢尺量距；红外测距导线边长测量采用光电测距仪或全站仪测距。钢尺量距应进行往返丈量，其相对误差应不超过 1/3 000，特殊困难地区应不超过 1/1 000；高差较大的地区还需要进行高差的改正。由于钢尺量距一般需要进行定线，故可以和水平角测量同时进行，即可以用经纬仪一边进行水平角测量，一边为钢尺量距进行定线。

c. 联测。

为了使导线定位及获得已知坐标，需要将导线点同高级控制点进行联测。可用经纬仪按测回法观测连接角，用钢尺（光电测距仪或全站仪）测距。

若测区附近没有已知点，也可采用假定坐标，即用罗盘仪测量导线起始边的磁方位角，并假定导线起始点的坐标值（起始点假定坐标值可由指导教师统一指定）。

d. 高程控制测量。

图根控制点的高程一般采用普通水准测量的方法测得，山区或丘陵地区可采用三角高程测量方法。根据高级水准点，沿各图根控制点进行水准测量，形成闭合或附合水准路线。

水准测量可用 DS_3 级水准仪沿路线设站单程施测，注意前后视距应尽量相等，可采用双面尺法或变动仪器高法进行观测。注意视线长度应不超过 100 m，各站所测两次高差的互差应不超过 6 mm，普通水准测量路线高差闭合差应不超过 $40\sqrt{L}$（或 $12\sqrt{N}$）（式中，L 为水准路线长度的公里数，N 为水准路线测站总数）。

（2）图根导线测量的内业计算。

在进行内业计算之前，应全面检查导线测量的外业记录，有无遗漏或记错，是否符合测量的限差和要求，发现问题应返工重新测量。

应使用科学计算器进行计算，特别是坐标增量计算可以采用计算器中的程序进行计算。计算时，角度值取至秒（″），高差、高程、改正数、长度、坐标值取至毫米。

① 导线点坐标计算。

先绘出导线控制网的略图，并将点名点号、已知点坐标、边长和角度观测值标在图上。在导线计算表中进行计算，计算表格格式可参阅表 10。具体计算步骤如下：

a. 填写已知数据及观测数据。

b. 计算角度闭合差及其限差。

闭合导线角度闭合差
$$f_\beta=\sum_{i=1}^{n}\beta-(n-2)\cdot 180^\circ \tag{3.1}$$

测左角附合导线角度闭合差
$$f_\beta=\alpha_{始}+\sum_{i=1}^{n}\beta_{左}-n\cdot 180^\circ-\alpha_{终} \tag{3.2}$$

测右角附合导线角度闭合差
$$f_\beta=\alpha_{始}-\sum_{i=1}^{n}\beta_{右}+n\cdot 180^\circ-\alpha_{终} \tag{3.3}$$

图根导线角度闭合差的限差
$$f_{\beta容}=\pm 60''\sqrt{n} \tag{3.4}$$

c. 计算角度改正数。

闭合导线及测左角附合导线的角度改正数
$$v_i=-\frac{f_\beta}{n} \tag{3.5}$$

测右角附合导线的角度改正数
$$v_i=\frac{f_\beta}{n} \tag{3.6}$$

d. 计算改正后的角度。

改正后角度 $$\overline{\beta}_i = \beta_i + v_i \tag{3.7}$$

e. 推算方位角。

左角推算关系 $$\alpha_{i,i+1} = \alpha_{i-1,i} \pm 180° + \overline{\beta}_i \tag{3.8}$$

右角推算关系 $$\alpha_{i,i+1} = \alpha_{i-1,i} \pm 180° - \overline{\beta}_i \tag{3.9}$$

f. 计算坐标增量。

纵向坐标增量 $$\Delta x_{i,i+1} = D_{i,i+1} \cdot \cos\alpha_{i,i+1} \tag{3.10}$$

横向坐标增量 $$\Delta y_{i,i+1} = D_{i,i+1} \cdot \sin\alpha_{i,i+1} \tag{3.11}$$

g. 计算坐标增量闭合差。

闭合导线坐标增量闭合差 $$f_x = \sum \Delta x,\quad f_y = \sum \Delta y \tag{3.12}$$

附合导线坐标增量闭合差 $$f_x = x_{起} + \sum \Delta x - x_{终},\quad f_y = y_{起} + \sum \Delta y - y_{终} \tag{3.13}$$

h. 计算全长闭合差及其相对误差。

导线全长闭合差 $$f = \sqrt{f_x^2 + f_y^2} \tag{3.14}$$

导线全长相对误差 $$k = \frac{f}{\sum D} = \frac{1}{\sum D / f} \tag{3.15}$$

图根导线全长相对误差的限差 $$k_{容} = \frac{1}{2\ 000} \tag{3.16}$$

i. 精度满足要求后，计算坐标增量改正数。

纵向坐标增量改正数 $$v_{\Delta x_{i,i+1}} = -\frac{f_x}{\sum D} D_{i,i+1} \tag{3.17}$$

横向坐标增量改正数 $$v_{\Delta y_{i,i+1}} = -\frac{f_y}{\sum D} D_{i,i+1} \tag{3.18}$$

j. 计算改正后坐标增量。

改正后纵向坐标增量 $$\overline{\Delta x}_{i,i+1} = \Delta x_{i,i+1} + v_{\Delta x_{i,i+1}} \tag{3.19}$$

改正后横向坐标增量 $$\overline{\Delta y}_{i,i+1} = \Delta y_{i,i+1} + v_{\Delta y_{i,i+1}} \tag{3.20}$$

k. 计算导线点的坐标。

纵坐标 $$x_{i+1} = x_i + \overline{\Delta x}_{i,i+1} \tag{3.21}$$

横坐标 $$y_{i+1} = y_i + \overline{\Delta y}_{i,i+1} \tag{3.22}$$

② 高程计算。

先画出水准路线图，并将点号、起始点高程值、观测高差、测段测站数（或测段长度）标在图上。在水准测量成果计算表中进行高程计算，计算位数取至 mm 位。计算步骤如下：

a. 填写已知数据及观测数据。

b. 计算高差闭合差及其限差。

闭合导线高差闭合差　　$f_h = \sum h$　　（3.23）

附合导线高差闭合差　　$f_h = H_{起} + \sum h - H_{终}$　　（3.24）

普通水准测量高差闭合差的限差　　$f_{h容} = \pm 40\sqrt{L}$ (平地)

$f_{h容} = \pm 12\sqrt{N}$ (山地)

式中，$L\left(L = \sum l\right)$ 为水准测量路线总长，km；$N\left(N = \sum n\right)$ 为水准测量路线测站总数；$f_{h容}$ 为限差，mm。

c. 计算高差改正数。

高差改正数　　$v_{i,i+1} = -\dfrac{f_h}{\sum n} n_{i,i+1}$ 或 $v_{i,i+1} = -\dfrac{f_h}{\sum l} l_{i,i+1}$　　（3.25）

d. 计算改正后高差。

改正后高差　　$\bar{h}_{i,i+1} = h_{i,i+1} + v_{i,i+1}$　　（3.26）

e. 计算图根点高程。

图根点高程　　$H_{i+1} = H_i + \bar{h}_{i,i+1}$　　（3.27）

（3）方格网的绘制及导线点的展绘。

先铺上聚酯薄膜，再在测板上垫一张白纸衬在聚酯薄膜下面，然后用胶带纸将其固定在图板上。使用打磨后的 5H 铅笔，按对角线法（或坐标格网尺法）绘制出 50 cm×50 cm（或 50 cm×40 cm）坐标方格网。坐标方格网的边长为 10 cm，其格式可参照《地形图图式》。格网线细而轻（0.1 mm 粗），坐标值以 m 为单位，并以 3.5 mm 高的字标记。图标绘在图廓的右下角。

坐标方格网绘制好后，检查以下 3 项内容：① 用直尺检查各格网交点是否在一条直线上，其偏离值应不大于 0.2 mm。② 用比例尺检查各方格的边长，与理论值（10 cm）相比，误差应不大于 0.2 mm。③ 用比例尺检查各方格对角线长度，与理论值（14.14 cm）相比，误差应不大于 0.3 mm；如果超限，应重新绘制。

按坐标值将三角点或导线点展绘到图纸上。展绘完毕要求实量各边、各角的大小，并与实测或计算值进行比较，以检查和评定展绘点位的精度。要求实量长度与计算长度（或实测长度）之差在图上小于 0.3 mm。

控制点的点名与高程注字用仿宋体书写，字高为 3 mm。

坐标方格网绘制好后，擦去多余的线条，在方格网的四角及方格网边缘的方格顶点上根据图纸的分幅位置及图纸的比例尺，注明坐标，数字取至 0.1 km。

图 3.1 所示为绘制好的 40 cm×50 cm 图幅的方格网示意图。

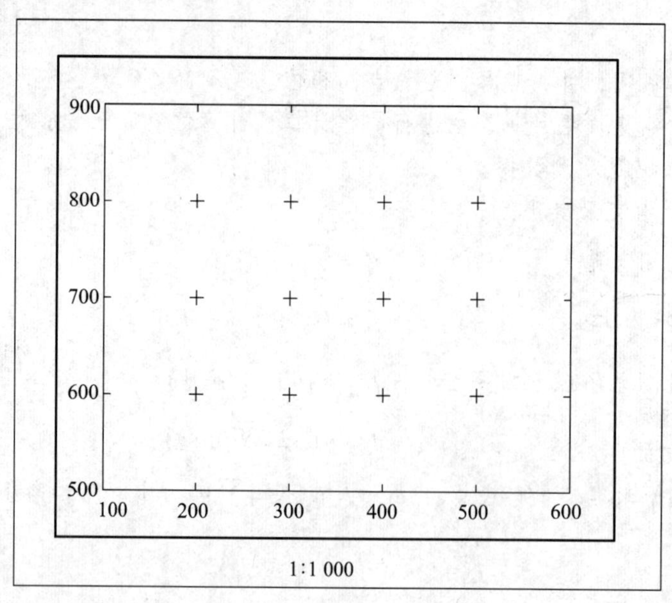

图 3.1 方格网的绘制

在展绘图根控制点时，首先应根据控制点的坐标确定控制点所在的方格；然后用卡规根据测图比例尺，在比例尺（复式比例尺或三棱尺）上分别量取该方格西南角点到控制点的纵、横向坐标增量；再分别以方格的西南角点及东南角点为起点，以量取的纵向坐标增量为半径，在方格的东西两条边线上截点，以方格的西南角点及西北角点为起点，以量取的横向坐标增量为半径，在方格的南北两条边线上截点，并在对应的截点间连线，两条连线的交点即为所展控制点的位置。控制点展绘完毕应进行检查，用比例尺量出相邻控制点之间的距离，与所测量的实地距离相比较，差值应不大于 0.3 mm；如果超限，应重新展点。在控制点右侧按图式标明图根控制点的名称及高程，如图 3.2 所示。

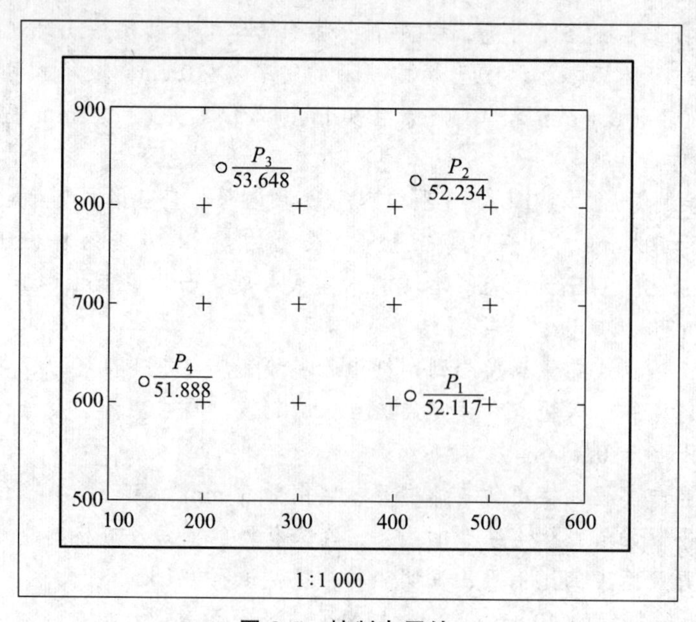

图 3.2 控制点展绘

方格网的绘制及导线点的展绘完成后，将浸泡后的大张白图纸裱糊在图板上，注意用卷成筒状的湿毛巾在裱糊在图板上的图纸面上擀，挤出图纸与图板间的空气，固定后晾干，之后即可将展有控制点的聚酯薄膜用胶带纸固定在白纸面上。

（4）碎部测量。

用经纬仪测绘法测图时，应对各地形、地物点做出详细记录，以便个人内业勾绘成图。坚持在野外边测边绘，随测随整饰。

碎部测量时的注意事项如下：

① 地形点的密度：必须将地形、地物特征点测出，并保证图上有 1.5 ~ 2 cm 的点间隔。

② 仪器高：用水准尺或小钢尺由桩顶量至仪器横轴，精确至 cm。

③ 视线最大长度：1∶500 时为 100 m；1∶1 000 时为 150 m。

④ 测站零方向的归零：每测 20 ~ 30 点应归零一次，归零限差为±2′，超限时应废弃归零前所测的那批点。

⑤ 地形地物点的测量要求：水平角、竖直角均用盘左观测，并读记到分；竖盘指标差应预先测定，当指标差大于 1′，并无法校正时，要对竖直角加以改正。

⑥ 用计算器计算碎部点的平距和高程。

⑦ 用分度器、比例尺展绘地形、地物点，并在点上注记高程。高程以 m 为单位，取至分米。高程值注记应平行于东西方向的格网线，字高为 2 mm。高程的小数点即为碎部点的点位。

⑧ 地形图的等高距为 1 m。每组的外业图在野外可绘出计曲线和少数重要的首曲线。

⑨ 加密控制点的设置：当控制点不敷应用时，可设置加密控制点。当用视距支导线时，要求连续设置的支导线点不得多于 2 个，并用正切法展点。

（5）测图质量检查。

各组野外测图基本结束后，应将整饰好的外业图与实地详细核对，进行自检，发现问题时，及时查找原因并纠正。最后由指导教师抽检若干地形、地物点，确认质量合格后，方可转入内业。

（6）地形图的勾绘与整饰。

每人应在个人的图纸上展绘出方格网的控制点，并依据各控制点，按小组外业记录用分度器独立展点，严禁用外业图或他人图转刺。展点后参照小组外业图及实地地形勾绘整饰出本组所测绘的地形图。展点时发现点位或高程明显有误的点，应查找原因，改正或废弃。勾绘整饰后的地形图要求准确、详细、整洁、美观。

勾绘、整饰的具体要求如下：

① 地形点字高 2 mm，字头朝图廓上方，并平行于东西方向格网线，计曲线高程注记字高为 3 mm。字头朝向高处，但避免在图内倒置，并尽量集中注记。

② 等高线的粗细：首曲线为 0.1 ~ 0.2 mm，计曲线 0.3 ~ 0.4 mm。

③ 图式符号：按照国家标准局批准的地形图图式（符号）或其他类似的图式符号资料执行。

④ 图内注记或说明：高程系统、坐标系统的说明，其他必要事宜的说明。

⑤ 宜用下列铅笔：格网线——中华 4H；注字及首曲线——2H；图框、计曲线——中华 HB。

2. 地形图测绘（经纬仪测绘法）

各小组在完成图根控制测量全部工作以后，就可进入碎部测量阶段。

（1）任务安排。

① 各小组对所借出的仪器及工具进行必要的检验与校正。

② 在测站上各小组可根据实际情况，安排观测员 1 人，绘图员 1 人，记录计算 1 人，跑尺 1~2 人。

③ 根据测站周围的地形情况，全组人员集体商定跑尺路线，可由近及远，再由远及近，按顺时针方向行进。做到合理有序，防止漏测，保证工作效率，并方便绘图。

④ 提出对一些无法观测到的碎部点处理的方案。

（2）仪器的安置。

① 在图根控制点 A（见图 3.3）上安置（对中、整平）经纬仪，量取仪器高 i，做好记录。

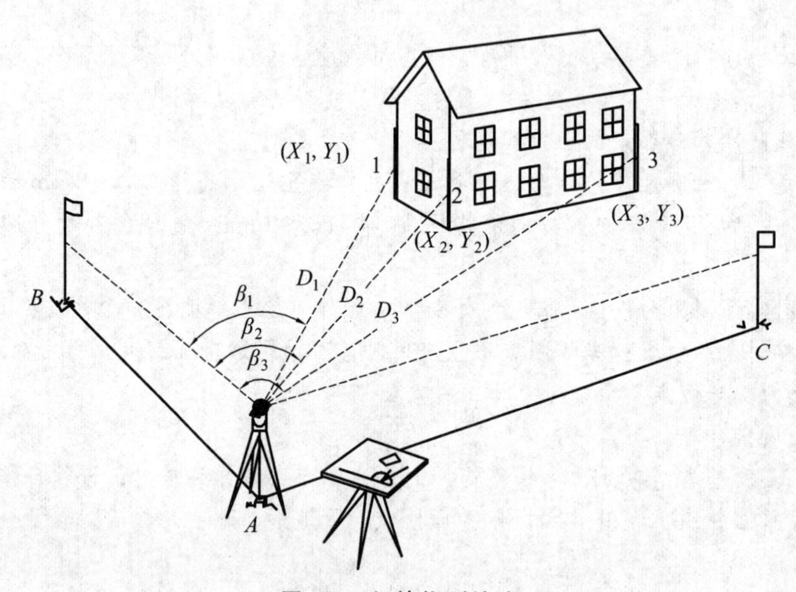

图 3.3　经纬仪测绘法

② 经纬仪置于盘左位置，用望远镜照准控制点 B，如图 3.3 所示，水平度盘读数配置为 $0°00'00''$，即以 AB 方向作为水平角的始方向（零方向）。

③ 将图板固定在三脚架上，架设在测站旁边，目估定向，以便对照实地绘图。在图上绘出 AB 方向线，将小针穿过半圆仪（大量角器）的圆心小孔，扎入图上已展出的 A 点。

④ 望远镜盘左位置瞄准控制点 C，读出水平读盘读数，该方向值即为 $\angle BAC$。用半圆仪在量取图上 $\angle BAC$，对两个角度进行对比，进行测站检查。

（3）跑尺和观测。

① 跑尺员按事先商定的跑尺路线依次在碎部点上立尺。注意尺身应竖直，零点朝下。

② 经纬仪盘左位置瞄准各碎部点上的标尺，读取水平度盘读数 β；使中丝读数处在 i 值附近，读取下丝读数 b、上丝读数 a；再将中丝读数对准 i 值，转动竖盘指标水准管微倾螺旋，使竖盘指标水准管气泡居中，读取竖盘读数 L，做好记录。

③ 绘图员按所测的水平角度值 β，将半圆仪（大量角器）上与 β 值相应的分划线位置对

齐图上的 *AB* 方向线，则半圆仪（大量角器）的直径边缘就指向碎部点方向。在该方向上根据所测距离按比例刺出碎部点，并在点的右侧标注高程。高程注记至 dm，字头朝北。所有地物、地貌应在现场绘制完成。

④ 每观测 20～30 个碎部点后，应重新瞄准起始方向检查其变化情况，起始方向读数偏差不得超过 4′。当一个测站的工作结束后，还应进行检查，在确认地物、地貌无测错或测漏时才可迁站。当仪器在下一站安置好后，还应对前一站所测的个别点进行观测，以检查前一站的观测是否有误。

碎部测量时的注意事项如下：

a. 地形点的密度：必须将地形、地物特征点测出，并保证图上有 1.5～2 cm 的点间隔。

b. 仪器高：用水准尺或小钢尺由桩顶量至仪器横轴，精确至 cm。

c. 视线最大长度：1∶500 时为 100 m；1∶1 000 时为 150 m。

d. 地形地物点的测量要求：水平角、竖直角均用盘左观测，并读记到分（′）。竖盘指标差应预先测定，当指标差大于 1′且并无法校正时，要对竖直角加以改正。

e. 用计算器计算碎部点的平距和高程。

f. 用分度器、比例尺展绘地形、地物点，并在点上注记高程。高程以 m 为单位，精确至 cm。高程值注记应平行于东西方向的格网线，字高为 2 mm。高程的小数点即为碎部点的点位。

g. 地形图的等高距为 1 m。每组的外业图在野外可绘出计曲线和少数重要的首曲线。

（4）地物、地貌的测绘。

绘图时应对照实地，边测边绘。

① 地形图的拼接。

由于对测区进行了分幅测图，因此在测图工作完成以后，需要进行相邻图幅的拼接工作。拼接时，可将相邻两幅图纸上的相同坐标的格网线对齐，观察格网线两侧不同图纸同一地物或等高线的衔接状况。由于测量和绘图误差的存在，格网线两侧不同图纸同一地物或等高线会出现交错现象，如果误差满足限差要求，则可对误差进行平均分配，纠正接边差，修正接边两侧的地物及等高线；否则，应进行测量检查纠正。

② 地形图的整饰。

地形图拼接及检查完成后，用铅笔进行整饰。整饰应按照“先注记，后符号；先地物，后地貌；先图内，后图外”的原则进行。注记的字型、字号应严格按照《地形图图式》的要求选择。各类符号应使用绘图模板按《地形图图式》规定的尺寸规范绘制，注记及符号应坐南朝北。不要让线条随意穿过已绘制的内容。按照整饰原则后绘制的地物和等高线在遇到已绘出的符号及地物时，应自动断开。

每位学生应在个人的图纸上展绘出方格网的控制点，并依据各控制点，按小组外业记录用分度器独立展点，严禁用外业图或他人图转刺。展点后，参照小组外业图及实地地形勾绘整饰出本组所测绘的地形图。展点时，发现点位或高程明显有误的点，应查找原因，改正或废弃。勾绘整饰后的地形图要求准确、详细、整洁、美观。

③ 地形图的检查。

地形图经过整饰后还需进行外业检查和内业检查。

a. 外业检查。将图纸带到测区与实地对照进行检查，检查图上地物、地貌的取舍是否正确，有无遗漏，使用的图式和注记是否正确，发现问题应及时纠正；在图纸上随机地选择一些测点，将仪器带到实地，实测检查，重点放在图边区域的测点。检查中发现的错误和遗漏，应进行纠正和补漏。最后由指导教师抽检若干地形、地物点、确认质量合格时，方可转入内业。

b. 内业检查。检查观测及绘图资料是否齐全、各项观测记录及计算是否满足要求、图纸整饰是否达到要求、接边情况是否正常、等高线勾绘有无问题。

④ 成图。

经过拼接、整饰与检查的图纸，可在肥皂水中漂洗，清除图面的污尘后，即可直接着墨，进行清绘后晒印成图。

勾绘、整饰的具体要求如下：

a. 地形点字高 2 mm，字头朝图廓上方，并平行于东西方向格网线，计曲线高程注记字高为 3 mm。字头朝向高处，但避免在图内倒置，并尽量集中注记。

b. 等高线的粗细：首曲线为 0.1 ~ 0.2 mm，计曲线为 0.3 ~ 0.4 mm。

c. 图式符号：按照国家标准局批准的地形图图式（符号）或其他类似的图式符号资料执行。

d. 图内注记或说明：高程系统、坐标系统的说明，其他必要事宜的说明。

e. 宜用下列铅笔：格网线——中华 4H；注字及首曲线——2H；图框、计曲线——中华 HB。

3.3.2 全站仪测绘法测图

采用草图法进行数字化测图，主要作业过程分为三个步骤：数据采集、数据处理及地形图的数据输出。在本次实习中利用全站仪进行外业数据采集，在内业计算机上采用南方 CASS 软件进行数据处理成图。其技术要求主要有：

（1）平面坐标系统：采用城市独立坐标系，由实训指导教师统一选定。

（2）高程系统：采用国家高程基准或测区独立高程系统。

（3）测图比例尺为 1∶500，基本等高距为 0.5 m。

（4）地形图图幅尺寸为 50 cm×50 cm。

（5）地形图编号采用图廓西南角坐标，以公里为单位，小数点号取 2 位，X 在前，Y 在后，中间用短线连接。

（6）图根控制点相对于起算点的平面点位中误差不超过图上 0.1mm；高程中误差不得大于测图基本等高距的 1/10。

（7）图上地物点相对于邻近图根点的点位中误差应不超过图上 ±0.5mm；

（8）高程注记点相对于邻近图根点的高程中误差不得超过 ±0.15m。

1. 踏勘、选点

指导老师带领学生在实训区域确定已知点，根据一份小比例尺图，选出一条闭合导线，现场选出导线点，并均匀分布在实训区域内，共计 6 个点。导线点的选择应注意是否相互通视，架设仪器是否安全方便。

在实训区域内进行踏勘、设计、选点，布设成附合导线或闭合导线。控制点的选择应注意：

（1）通视范围大，无盲区；

（2）受干扰程度小，选取在路边，不能妨碍路边交通；

（3）选取地物牢固的地方，以免因地面沉降给测量带来测量误差。

2. 控制测量

利用全站仪测出闭合导线上图根点之间的相对距离和外角，计算出闭合导线图根控制点的坐标。全站仪测角、测边：

在已知导线点上架设全站仪，对中整平后量取仪器高，开机。同时将棱镜架设在待测点上，对中整平。

在全站仪中创建一个文件TM01，用来保存测量数据。

在当前文件下，按照提示输入测站点点号和给定的坐标、仪器高、目标高（取至毫米位），设置EDM，并瞄准后视点，进行后视置零定向。

定向完后，仪器照准目标点棱镜，盘左盘右观测并保存，将屏幕显示结果记录在导线坐标记录表上。

控制测量内业计算的目的就是计算各导线点的平面坐标 x、y。计算之前，应先全面检查控制测量外业记录、数据是否齐全，有无记错、算错，成果是否符合精度要求，起算数据是否准确。

3. 碎步测量

（1）碎步测量技术要求。

碎步测量在观测精度上的要求没有控制测量的那么严格，在测量时也没有控制测量那么多要求和限制，一般情况下所得的数据精度完全符合碎步点的要求。

本次实习中，采用草图法进行碎部测量。一组中测站1～2人，镜站1～2人，领尺员（绘草图人员）2人。根据地形情况，镜站可用单人或多人，其中领尺员负责画草图和室内成图。

根据之前控制测量得到的图根控制点，由图根控制点根据后视测量的原理测量相关地物的平面坐标。在控制点上架全站仪，经过对中、整平和精确对中、整平，照准地物以确定方向。画出草图，标出各点点号，用全站仪利用坐标测量方法测出多个地物点。

设站时，仪器对中误差不应大于5mm。照准一图根点作为起始方向，观测另一图根点作为检核，算得检核点的坐标误差不应大于图上0.2mm。检查另一测站高程，其较差不应大于1/5基本等高距。仪器高、镜高应量记至毫米。

采用绘草图的数字化成图系统，应在采集数据的现场实时绘制测站草图。

（2）地形图测绘内容及取舍。

碎步点就是地物地貌的特征。对于地物，碎步点应选在地物轮廓线的方向变化处，连接这些特征点，便得到与实地相似的地物形状。对于地貌来说，碎步点应选在最能反映地貌特征的山脊线、山谷线等地性线上。

地形图上应表示出测量控制点、居民地和建（构）筑物及其他设施、交通及附属设施、管线及附属设施、水系及附属设施、境界、地貌和土质、植被等要素，并对各要素进行名称注记、说明注记及数字注记。

在测量的过程中，碎部点的取舍和测量至关重要。测点过密，会造成成图密集，不该要的要了；测点过少，没有把握地形的基本要素。因此对于碎部点的确定，应注意以下几点：

① 各级测量控制点均应展绘在图上并加以注记。控制点按地物精度测定平面位置，图上应表示。

② 测绘居民地。居民地按实地轮廓测绘，房屋以墙基为准正确测绘出轮廓线，并注记建材质料和楼房层次，依据不同结构、不同建材质料、不同楼房层次等情况进行分割表示。1∶500测图房屋一般不综合，临时性建筑物可舍去。

城区道路以路沿线测出街道边沿线，无路沿线的按自然形成的边线表示。街道中的安全岛、绿化带及街心花园应绘出。

街道的中心处、交叉处、转折处及地面起伏变化处，重要房屋、建筑物基部转折处要择要测注高程点。

③ 凡具有判定方位、确定位置、指示目标的设施应测注高程点，例如入井口、水塔、烟囱、地下建筑物的出入口等等。

④ 独立地物是判定方位、指示目标、确定位置的重要依据，必须准确测定其位置。独立地物多的地区，优先表示突出的，其余可择要表示。

⑤ 交通及附属设施的测绘。所有的铁路、有轨车道、公路、大车路、乡村路均应测绘。车站及附属建筑物、隧道、桥涵、路堑、路地、里程碑等均需表示。在道路稠密地区，次要的人行道可适当取舍。公路及其他双线道路在大比例尺图上按实宽依比例尺表示；若宽度在图上小于0.6mm时，则用半比例尺符号表示。公路、街道按路面材料划分为水泥、沥青、碎石、砾石、硬砖、沙石等，以文字注记在图上。铺面材料改变处应用点线分离。出入山区、林区、沼泽区等通行困难地区的小路，以及通往桥梁、渡口、山隘、峡谷及其特殊意义的小路一般均应测绘。居民地间应有道路相连并尽量构成网状。

⑥ 管线及附属设施的测绘。正确测绘管线的实地定位点和走向特征，正确表示管线类别。永久性电力线、通信线及其电杆、电线架、铁塔均应实测位置。电力线应区分高压线和低压线。居民地内的电力线、通信线可不连线，但应在杆架处绘出连线方向。

地面和架空的管线均应表示，并注记其类别。地下管线根据用途需要决定表示与否，但入口处和检修井需表示。管道附属设施均应实测位置。

⑦ 水系及附属设施的测绘。海岸、河流、湖泊、水库、运河、池塘、沟渠、泉、井及附属设施等均应测绘。海岸线以平均大潮高潮所形成的实际痕迹线为准，河流、湖泊、池塘、水库、塘等水压线一般按测图时的水位为准。高水界按用图需要表示。溪流宽度在图上大于0.5 mm的用双线依比例尺表示，小于0.5 mm的用单线表示；沟渠宽图上大于1 mm（1∶2 000测图大于0.5 mm）的用双线表示，小于1 mm（1∶2 000测图小于0.5 mm）的用单线表示。要表示固定水流方向。水深和等深线按用图需要表示。

⑧ 地貌和土质利用等高线，配置地貌符号及高程注记表示。当基本等高距不能正确显示地貌形态时，加绘间曲线；不能用等高线表示的天然和人工地貌形态，需配置地貌符号及注记。居民地中可不绘等高线，但高程注记点应能显示坡度变化特征。各种天然形成和人工修筑的坡、坎，其坡度在70°以上时表示为陡坎，在70°以下表示为斜坡。斜坡在图上投影宽度小于2 mm时，宜表示为陡坎并测注比高；当比高小于1/2等高距时，可不表示。

⑨ 植被。应表示出植被的类别和分布范围。地类界按实地分布范围测绘。

⑩ 地理名称注记。各种名称、说明注记和数字注记准确注出。图上所有居民地、道路、

河流等地理名称以及主要单位等名称，均应进行调查核实；有法定名称的应以法定名称为准，并应正确注记。

（3）地形图的检查与验收。

地形图的检查包括自检、互检和专人检查。

（4）其他注意事项。

在作业前应做好准备工作，全站仪的电池、备用电池均应充足电。

外业数据采集时，记录及草图绘制应清晰、信息齐全。不仅要记录观测值及测站有关数据，同时还要记录编码、点号、连接点和连接线等信息，以方便绘图。

数据处理前，要熟悉所使用的软件的工作环境及基本操作要求。

根据控制点的位置和实际的每天工作量，人工实地绘制草图，在草图上标明，每隔 30 个点和测站互通点号，防止出错。测量毕竟是一个团队合作的项目，采用以上方法作业时，要求队员之间要配合要默契，这一点测完了，下一点应测什么应达成共识。

对观测人员的输入数字及字母的熟练程度要求较高，一般应在 10 s 内完成。草图绘制人员担负着室内绘图工作，是测图过程中的核心人员，所以对于地物的综合取舍等要心中有数，并且应在跑尺员跑尺前确定好这一区域跑尺的线路，尽量避免走弯路。为了节省时间，要求两名草图绘制人员配合工作，即一名队员负责本测站的指挥协调，标记工作；另一名队员去规划下一测站的测量路线和具体地物的草图速写。

另外，全站仪是精确的测量仪器，只要在能通视的范围内都可以做到精确测量，所以在一个测站上应尽量多地完成通视地物的测量，这就要求在距离较远的情况下使用对讲机等通信工具进行联络。

4. 数字地形图编辑和输出

对外业采集到的数据文件进行计算机数据处理，并在人机交互方式下进行地形图编辑，生成数字地形图图形文件。在计算机上利用绘图软件输出比例尺为 1∶500 的地形图。

（1）进入测量程序模式。

采用激光对中方法将全站仪安置于测站控制点上，进入标准测量程序模块。

（2）创建文件。

在程序测量模块中，创建新的文件，输入文件名字。

（3）设置测站点、后视点信息，并后视归零。

（4）碎部点数据采集。

进入碎部点数据采集模式，第一个点的测量需要置入碎部点点号和反射棱镜高，然后照准碎部点所立对中杆，按确认键开始测量。待坐标显示于屏幕上后，按确认键，测量碎部点的信息自动存储于上述创建的作业文件中。此时观测员用对讲机、手机微信等方式将该点的点号报告给立镜员，立镜员听到自己的名字和点号后就可以移动到下一个测点上。

（5）碎部记录。

立镜员要现场记录立镜处的点号、地物属性及连线关系。

（6）数字化地形图的绘制、检查与整饰。

从全站仪中导出数据，将保存的数据文件转换为成图软件（如 CASS）格式的坐标文件。执行下拉菜单“数据/读全站仪数据”命令，在“全站仪内存数据转换”对话框中的“全站仪内存文件”文本框中，输入需要转换的数据文件名和路径，在“CASS 坐标文件”文本框中输入转换后保存的数据文件名和路径。这两个数据文件名和路径均可以单击“选择文件”，在弹出的标准文件对话框中输入。单击“转换”，即完成数据文件格式转换。

利用南方 CASS 软件，根据草图，画出测区内的建筑物、构筑物等地物地貌。执行下拉菜单“绘图处理/定显示区”确定绘图区域；执行下拉菜单“绘图处理/展野外测点点位”，即在绘图区得到展绘好的碎部点点位，结合野外绘制的草图绘制地物；再执行下拉菜单“绘图处理/展高程点”。经过对所测地形图进行屏幕显示，在人机交互模式下进行绘图处理以及图形编辑、修改、整饰，最后形成数字地图的图形文件。将所测碎部点连接绘成地物，勾绘等高线，并对照实地进行检查。按地形图图式的要求，描绘地物和地貌，并进行图面整饰、清洁。

5. 内业成图方法

在外业无码作业数据采集的基础上，内业将利用外业草图，采用南方 CASS 软件进行成图。成图比例尺为 1∶500。要求地貌与实地相符，地物位置精确，符号利用正确。所成的电子地图进行了严格分层管理，可出各种专题地图的要求。图形格式为 DWG 格式。

内业成图过程如下：

（1）DAT 文件的建立：通过软件将全站仪数据文件输出为.dat 格式。

（2）展点（高程点或点号）：在“绘图处理”的下拉菜单中选择“展点”项的“野外测点点号”在打开的对话框中选择所需要的文件，然后单击“确定”便可以在屏幕展出野外测点及点号。

（3）绘图：根据草图，选择南方 CASS 软件提供的“地物类型”描绘。

（4）加图幅的方法：CASS 软件—“绘图处理”—“任意图幅”，在“参数设置”中输入图名、测量员、绘图员、检查员。

6. 成图质量检查

对成图图面，应按规范要求进行检查。检查方法为室内检查、实地巡视检查及设站检查。检查中发现的错误和遗漏应予以纠正和补测。

3.4 线路综合测设

1. 线路综合测设的主要内容

（1）测设资料的计算。

测设资料有线路中桩坐标、边桩坐标和放样这些点位的放样元素。

① 中桩坐标的计算。

对中桩坐标，在直线段每隔 50 m 计算一个点；曲线段除主点（五大桩）外，点位密度视圆曲线半径大小确定。圆曲线半径越大，点位密度越小，当 $R \geqslant 800$ m 时，圆曲线上每隔 40 m 计算一个点。此外，在地形变化较大的地区还应加桩。

直线段中桩坐标计算的方法比较简单，此处只对曲线段中桩坐标计算的方法做一简要介绍。曲线段中桩坐标计算的方法比较多，有的是先计算中桩在切线坐标系的坐标，然后将其转换为在统一坐标系中的坐标；有的是先计算出 ZH 点和 HZ 点在统一坐标系中的坐标，然后从ZH点和HZ点计算其他中桩的统一坐标。这里介绍一种从JD计算曲线段中桩在统一坐标系中的坐标的简便方法。

已知JD_{i-1}、JD_i、JD_{i+1}的坐标和圆曲线半径R以及缓和曲线长l_0，计算曲线段中桩坐标。计算方法如下：

a. 计算中桩在切线坐标系中的坐标。

在缓和曲线段，其计算公式为

$$x = l - \frac{l^5}{40R^2 \cdot l_0^2} \tag{3.28}$$

$$y = \frac{l^3}{6R \cdot l_0} \tag{3.29}$$

在圆曲线段，其计算公式为

$$x = R \cdot \sin\alpha + m \tag{3.30}$$

$$y = R(1 - \cos\alpha) + p \tag{3.31}$$

式中
$$\alpha = \frac{l - l_0}{R} \cdot \frac{180°}{\pi} + \beta_0$$

第一缓和曲线段和第二缓和曲线段中的坐标值完全一样。

b. 计算两条切线的坐标方位角。

切线坐标方位角的计算通过相邻两交点进行坐标反算即可求得。其计算公式为

$$\alpha = \operatorname{arccot} \frac{y_i - y_{i-1}}{x_i - x_{i-1}} \tag{3.32}$$

注意：坐标反算直接求得的是坐标象限角，还需根据直线所在象限将其转换为坐标方位角。

c. 计算中桩在统一坐标系或施工坐标系中的坐标。

JD到中桩距离的计算如下：

$$B = T - x \tag{3.33}$$

$$D = \sqrt{(x_i - x_{JD})^2 + (y_i - y_{JD})^2} \tag{3.34}$$

JD到中桩坐标方位角的计算如下：

$$\theta = \arctan \frac{y}{B} \tag{3.35}$$

$$\alpha_{JD-i} = \alpha \pm \theta \tag{3.36}$$

计算坐标方位角时需注意以下几点：

- 在第一缓和曲线和圆曲线段，当式（3.35）中的$B \geqslant 0$时，切线坐标方位角α取反坐标方位角（即从JD到ZH点），否则取正坐标方位角；在第二缓和曲线段取正坐标方位角（即从JD到HZ点）。

- 线路左转时，式（3.36）中的“±”取“+”号，右转时取“−”号。

坐标增量的计算（坐标正算）：

$$\Delta X = D \cdot \cos \alpha_{\mathrm{JD}-i} \tag{3.37}$$

$$\Delta Y = D \cdot \sin \alpha_{\mathrm{JD}-i} \tag{3.38}$$

中桩坐标的计算：

$$x_i = x_{\mathrm{JD}} + \Delta x \tag{3.39}$$

$$y_i = y_{\mathrm{JD}} + \Delta y \tag{3.40}$$

② 边桩坐标的计算。

计算边桩坐标是为了在进行线路施工时确定填、挖边界线。在直线段，边桩应在线路垂线方向上；在曲线段，边桩应在线路法线方向上。

边桩坐标的计算应以中桩坐标为基础，根据左、右边距（中桩至边桩的距离）和坐标方位角进行坐标正算，求出坐标增量，进而求出边桩坐标。

③ 放样元素的计算。

此处只介绍用极坐标法放样点位的放样元素的计算。如果用全站仪放样程序进行放样，只要将待测设点的坐标资料输入仪器即可，无需计算放样元素。

极坐标法放样点位的放样元素有水平角（方位角之差）和水平距离。在已知测站点坐标和待测设点坐标以后，可以测站点为极点，通过坐标反算求得待测设点至极点的水平角和水平距离。

（2）全站仪线路中线测设。

全站仪线路中线测设就是在测站上置镜，根据计算的中桩坐标，用极坐标法放样其点位的过程。

（3）全站仪线路边桩测设。

全站仪线路边桩测设就是在测站上置镜，根据计算的边桩坐标，用极坐标法放样其点位的过程。如果地势平坦，则可根据放样元素直接放样；否则，需根据路基设计边坡、边桩至中桩的实测距离和高差用试探法（逐步趋近法）进行放样，直至满足精度要求。

（4）全站仪线路纵横断面测量。

全站仪线路纵横断面测量是将仪器安置在已知点或任意点上，通过测量同一断面上各测点的坐标、高程来间接求算相邻两点间水平距离和高差的一种测量方法。它不同于断面测量的传统方法，具有置镜次数少（安置一次仪器可测若干个断面）、观测速度快、自动化程度高、省时省力、功效高等优点。

全站仪线路纵横断面测量有两种方法：一种是利用对边测量程序测量；另一种是通过测量各测点的坐标和高程，在相邻两点间进行坐标反算求平距、高程之间求差。

（5）数据处理、绘断面图。

数据处理包括数据下载、数据格式转换、检查、整理、计算、归纳等。

绘断面图是根据整理的资料在计算机上用 CAD 绘制纵断面图和横断面图。

2. 线路测设的方法和步骤

（1）控制测量。

① 平面控制测量。

平面控制点是施工过程中进行施工测量的控制点,，按电磁波测距导线的技术要求和方法进行布点测量。导线点每 500 m 左右布设一个点，且边长大致相等，长、短边之比不超过 3∶1。导线边长按单向观测，转角用测回法观测一个测回。

② 高程控制测量。

高程控制点是施工过程中进行施工测量的控制点，其点位与导线点共用，可用三角高程测量的方法进行间接测量。高程控制测量的精度按线路水准测量的精度进行检核。

（2）中、边桩点位测设。

① 转点（ZD）和交点（JD）坐标测量。

a. 建立坐标系。

以 JD 为原点，ZH 到 JD 的方向为 x 轴正向，垂直于 x 轴且指向右侧的方向为 y 轴正向建立施工坐标系。

b. 测量 ZD 坐标。

置镜于 JD [设其里程为 DK10 + 000，坐标为（1000.000，1000.000）]，照准起端直线上 ZD_1，将水平度盘读数设置为 180°00′00″。根据所用的仪器，按压有关按钮进行坐标测量并记录。转动仪器，照准终端直线上 ZD_2，按同样的方法测量其坐标。

② 中、边桩坐标的计算。

中桩坐标可采用前面介绍的方法计算，也可用其他方法计算。圆曲线半径、缓和曲线长度根据转向角大小和现场地形在实地确定。

如前所述，边桩坐标可根据中桩坐标和左右边距进行计算。

③ 放样元素的计算。

通过坐标反算计算置镜于 JD，用极坐标法放样中、边桩的放样元素。如果利用内置程序进行放样，就不需进行此项计算。

放样元素的计算如下：

设 JD 坐标为（x_{JD}，y_{JD}），待测设点的坐标为（x_i，y_i），ZD_1 的坐标为（x_1，y_1），ZD_2 的坐标为（x_2，y_2），JD—ZD_1 为后视方向，其坐标方位角为 180°00′00″，则
待测设点到测站的水平距离为

$$D=\sqrt{(x_i-x_{JD})^2+(y_i-y_{JD})^2} \tag{3.41}$$

测站到待测设点的方位角为

$$\alpha_{JD-i}=\arctan\frac{y_i-y_{JD}}{x_i-y_{JD}} \tag{3.42}$$

测站到后视点的方位角为

$$\alpha_{JD-1}=\operatorname{arccot}\frac{y_1-y_{JD}}{x_1-y_{JD}} \tag{3.43}$$

放样水平角为

$$\beta=\alpha_{JD-i}-\alpha_{JD-1} \tag{3.44}$$

④ 中、边桩点位放样步骤。

a. 安置仪器并进行有关设置。

将仪器安置在测站点上，进行对中整平。

进行的设置包括作业设置、测站设置和后视定向设置等。不同的仪器所设置的方法不同，实际操作时根据所使用的仪器进行相应的操作。

b. 开始放样。

如果利用仪器内置程序进行放样，且仪器内已有待放样的资料时，可逐点输入点号调用放样资料进行放样；也可手动输入待放样点的数据边输入边进行放样。

放样时，输入待放样点的点号或坐标后，仪器自动计算出其水平角增量和水平距离，并在屏幕上显示水平角增量。旋转照准部，使水平角增量逐渐变为零，在视线方向上设置棱镜。照准棱镜后按有关键进行测量，屏幕显示实测距离与计算距离的差值。指挥在视线方向上移动棱镜，再次测量后观察其差值，如此反复进行，直至距离的差值等于零即可。

如果利用已计算好的放样元素进行放样，可按计算资料进行拨角、测距放样。

按放样元素进行放样时，要将仪器转到水平度盘读数等于计算值处，其他操作步骤与用仪器内置程序放样相同。

（3）线路纵横断面测量。

① 纵断面测量。

纵断面测量用直接测量高差的方法进行，即在任意点置镜，在测点安置棱镜直接测量测点与测站之高差，两测点的高差之差（前视高差－后视高差）即为两测点之间的高差。

纵断面测量的方法与线路水准测量的方法基本一样，即从线路一端的水准点开始，沿线路中桩测量至另一端的水准点。测量时，除中桩外还要在地形变化处、与线路交叉的其他特征点处（如桥涵、地下电缆、道路等）加桩，测量其里程和高程。测量高程时，除转点外其余各点均按中视点测量，读数取至 cm。

② 横断面测量。

横断面可用对边测量程序测量，也可用测量坐标和高程的方法测量。测量坐标和高程时，通过坐标反算求相邻两点的平距。

横断面一般每 50 m 测量一个，地形变化较大时还应加测断面。横断面的方向以目估确定。测量横断面时，应从其一端通过线路中心测至另一端。

纵横断面测量数据可用仪器记录，也可在手工簿上记录。采用何种手段记录，要视数据的多少和数据处理的方便程度而定。

（4）数据处理。

① 数据下载。

如果用仪器记录数据，在进行数据处理前要将数据下载到计算机上。下载数据时，首先应连接好数据传输电缆，其次将计算机和仪器上的数据传输参数（如波特率、奇偶检校等）设置成一致，最后利用随机携带的软件下载数据。

② 数据整理。

利用随机软件下载的数据是原始格式，不能直接用来计算。因此，要将下载的数据读入 Excel 电子表格进行相关处理，使其成为能在计算机上进行绘图的数据格式。

如果是手工记录的数据，要将其按计算机绘图的数据格式整理成数据文件，以便计算机绘图。

③ 数据计算。

如果用直接测量坐标的方法采集数据，要通过坐标反算求相邻两点的水平距离，两点高程求差计算高差。

高程测量完成后，按线路水准测量允许闭合差 $F_h = \pm 40\sqrt{L}$ (mm)进行成果检核，合格后中桩高程不能作调整。

（5）绘制断面图。

断面图在计算机上用 CAD 软件绘制。断面图包括纵断面图和横断面图两种。纵断面图绘制的水平比例尺为 1∶10 000，竖直比例尺为水平比例尺的 10～20 倍。横断面图按规定每 50 m 绘一个，在地形变化较大处加测并绘制横断面图。横断面图的比例尺取 1∶200，水平与竖直比例尺一致。

3.5 测量教学实习的技术总结

测量教学实习是一项综合性的实践活动，在一定意义上测量教学实习又是实际测量工作的预演和浓缩。除了保质、保量地进行前述各项工作外，做好测量教学实习的技术总结也是一个不可缺少的环节，它对于培养学生在今后的专业工作中撰写工作报告及技术总结有着不可估量的作用，也是提高学生实际工作能力的一个重要的方面。因此，必须做好测量教学实习的技术总结工作。

1. 技术总结报告

测量教学实习结束后，每位同学都应按要求编写《技术总结报告》。其内容包括：

（1）项目名称、任务来源、施测目的与精度要求。

（2）测区位置与范围，测区环境及条件。

（3）测区已有的地面控制点情况及选点、埋石情况。

（4）施测技术依据及规范。

（5）施测仪器、设备的类型、数量及检验结果。

（6）施测组织、作业时间安排、技术要求及作业人员情况。

（7）仪器准备及检校情况。

（8）外业观测记录。

（9）观测数据检核的内容、方法。重测、补测情况，实测中发生或存在的问题说明。

（10）图根控制网展点图。

（11）数字成图选用的软件及结果分析。

（12）建（构）筑物或线路等的图上设计。

（13）测设方案及测设数据的准备和计算。

（14）测设成果检查数据。

（15）成果中存在的问题及需说明的其他问题。

（16）测量教学实习中的心得体会。

（17）对测量教学实习实施的意见、建议。

2. 上交成果

在测量实习过程中，所有外业观测数据必须记在测量手簿（规定的表格）上，如遇测错、记错或超限应按规定的方法改正；内业计算也应在规定的表格上进行。因此，在实习过程中应注意做好实习日志为成果整理做好准备。实习成果由个人成果和小组成果构成。个人实习成果有计算成果表及技术总结报告等。小组成果包括以下内容：

（1）测量任务书及技术设计书。

（2）控制网展点图。

（3）控制点点之记。

（4）观测计划。

（5）仪器检校记录表。

（6）外业观测记录，包括测量手簿、原始观测数据等。

（7）外业观测数据的处理及成果。

（8）内业成图生成的图纸、成果表和电子文件或经过整饰的实测的地形图。

（9）测设方案实施报告。

（10）成果检查报告。

3. 实习纪律与注意事项

（1）爱护仪器工具，不得违章使用及玩耍仪器工具，各小组领用的仪器要由专人保管。遗失损坏者，按规定赔偿，并视情节上报学校处理。

（2）注意人身和仪器安全。不得穿拖鞋、赤脚或高跟鞋出外业，不得在工作时间里嬉闹。实习中严禁私自外出。

（3）听从教师指导，服从组长分配，各司其职，各负其责。每1~2天小组开碰头会一次，解决工作中存在的问题；组内、组外出现矛盾时，要协商解决，不得吵闹打架。

（4）爱护测区植被，任意损坏者，除赔偿外，追究责任。

（5）因病请假1天以上者需持医院证明，请假必须经老师同意，事假一般不准。组长每天认真做好考勤记载，并向教师报告考勤情况。

4. 常规测量仪器操作考试

测量实习操作考试的内容如下：

（1）经纬仪安置与测回法观测水平角。

建议在测量实习基地建立两个比较正规的照准标志，在地面设立10~20个点位标志，教师先用测回法测出这些点至两个照准标志的精确水平角。

经纬仪的安置应使用光学对中法，对中误差应不超过±2 mm；测回法观测水平角一测回，半测回较差应不超过±40″，一测回观测平均值与标准角度值的较差应不超过±36″。

考试时，教师应佩带体育比赛用的秒表记录经纬仪安置与水平角观测时间。

（2）水准仪两次变动仪器高测量高差一站。

教师应先用细绳将两把水准标尺绑定在路灯、树干或电线杆上，并保证竖直，教师先测出两个立尺点的高差，学生在两尺连线的中点附件安置水准仪观测。

两次观测的高差之差应不超过±3 mm。

（3）考试规则。

① 操作考试时，操作者可以请与自己配合比较好的同学帮助记录。做记录的同学应注意，

原始记录数据不得改动，凡有改动者，操作考试者的成绩记为0分，并不得补考。计算数据算错可以按规范规定修改。

② 测量成果超限的，只允许重测一次，重测后取两次测量时间的平均值为考试时间；测量成果符合限差要求但操作时间过长的，不允许补考。

5. 成绩评定

“测量教学实习”作为一门独立课程占有2个学分，故在实习结束后，应立即进行实习考核。考核的依据是：实习过程中的思想表现，出勤情况，对测量学知识的掌握程度，测量仪器实际操作技能的考试情况，分析问题和解决问题的能力，完成任务的质量，所交成果资料及仪器工具爱护的情况，实习报告的编写水平等。由实习指导教师根据以上依据进行综合评定，可按优、良、中、及格、不及格5级评分制评定成绩，也可按百分制计。

优：实习时积极主动、好学、实习任务完成好、提交的设计文件和实习报告质量高，能正确熟练操作测量仪器，达到实习大纲的要求，实习态度认真，能独立完成教师布置的专题作业或对某些问题有独到的见解及合理建议，考核中有较强的表达能力。

良：实习期间表现较好，能较好完成实习任务，提交的设计文件和实习报告达到实习大纲的要求，质量较好，能较正确熟练操作测量仪器，能比较好地完成专题作业，在考核时能比较完满地回答问题。

中：实习期间表现较好，达到实习大纲规定的基本要求，能完成应提交的设计文件和实习报告，能够较熟练操作测量仪器，质量一般，考核时能正确地回答主要问题。

及格：实习期间表现一般，基本达到实习大纲规定的要求，但不够圆满；能够完成应提交的设计文件和实习报告，但不够系统；在考核时能基本回答主要问题，但有些错误。

不及格：实习期间表现差，未能达到实习大纲规定的基本要求；提交的设计文件和实习报告内容马虎、有明显错误或有严重抄袭别人设计的痕迹；在考核时主要问题解答错误，仪器操作考试中无法按要求完成实验项目。

实习成绩不合格者，应按学校有关规定随相应班级重新进行实习。学习成绩应记入学生成绩登记册。

参考文献

[1] 武汉测绘科技大学《测量学》编写组. 测量学[M]. 北京：测绘出版社，1979.
[2] 合肥工业大学，重庆建筑工程学院，天津大学，等. 测量学[M]. 北京：中国建筑工业出版社，1990.
[3] 程效军，须鼎兴，刘春. 测量实习教程[M]. 上海：同济大学出版社，2005.
[4] 张庆宽，董志跃，等. 工程测量实训指导[M]. 北京：中国水利水电出版社，2008.
[5] 张新全，李威，等. 土木工程测量实践教程[M]. 北京：机械工业出版社，2008.
[6] 潘正风，杨正尧，等. 数字测图原理与方法[M]. 武汉：武汉大学出版社，2004.
[7] 蒋辉，潘庆林，等. 数字化测图技术与应用[M]. 北京：国防工业出版社，2006.
[8] 李玉宝，曹智翔，等. 大比例尺数字化测图技术[M]. 成都：西南交通大学出版社，2006.
[9] GB/T 20257.1—2007 1∶500 1∶1 000 1∶2 000 地形图图式[S]. 北京：中国标准出版社，2007.
[10] GB 12898—2009 国家三、四等水准测量规范[S]. 北京：中国标准出版社，2009.
[11] GB 50026—2007 工程测量规范[S]. 北京：中国计划出版社，2008.

工程测量实验报告

课 程 名 称：______________________________

所 在 学 校：______________________________

所 在 学 院：______________________________

年级/专业/班：______________________________

姓　　　　名：______________________________

学　　　　号：______________________________

实验总成绩：______________________________

任 课 教 师：______________________________

开 课 学 院：______________________________

实验中心名称：______________________________

表 1　水准仪的认识和使用

日期：＿＿＿＿＿＿　天气：＿＿＿＿＿＿　班级：＿＿＿＿＿＿　小　组：＿＿＿＿＿＿

观测：＿＿＿＿＿＿　记录：＿＿＿＿＿＿　成绩：＿＿＿＿＿＿　指导教师：＿＿＿＿＿＿

1　记录格式

水准仪认识记录表

序　号	部件名称	作　用
1	准星与照门	
2	目镜对光螺旋	
3	物镜对光螺旋	
4	制动螺旋	
5	微动螺旋	
6	微倾螺旋	
7	脚螺旋	
8	圆水准器	
9	管水准器	

水准测量记录表

测站顺序	后视读数	前视读数	高差
1			
2			

2　实验问答

（1）水准测量的原理是什么？

（2）消除视差的方法有哪些？

（3）微倾式水准仪在读数之前是否每次都要将水准管气泡调至居中？为什么？

表 2　普通水准测量

日期：__________　天气：__________　班级：__________　小　　组：__________

观测：__________　记录：__________　成绩：__________　指导教师：__________

1　记录格式

普通水准测量记录表

测站	点号	后视读数/m	前视读数/m	高差/m +	高差/m −	改正数	改正后高差/m	高程/m	点号
1								10.000	BM_A
2									
3									
4									
5									
6									
7									
$\sum$									

2　实验问答

（1）水准路线布设有哪几种形式？

（2）什么是转点？转点在水准测量中起什么作用？

表 3　四等水准测量

日期：__________　天气：__________　班级：__________　小　组：__________

观测：__________　记录：__________　成绩：__________　指导教师：__________

1　记录格式

四等水准测量外业记录表

测站编号	点号	后尺 下丝	前尺 下丝	方向及尺号	水准尺读数/m		黑+K−红	平均高差	备注
		后尺 上丝	前尺 上丝		黑面	红面			
		后视距	前视距						
		视距差	视距累差						
				后					
				前					
				后−前					
				后					
				前					
				后−前					

闭合差调整表

测 站	点 号	距离/km	测站数（n）	实测高差/m	改正数	改正后高差/m	高程/m	点 号
							10.000	BM_A
1								
2								
3								
4								
5								
6								
7								
$\sum$								

2 实验问答

1. 在四等水准测量中，如何进行前、后视距的计算？

2. 四等水准测量中，水准尺应如何前进？

表 4　水准仪的检验与校正

日期：__________　　天气：__________　　班级：__________　　小　　组：__________

观测：__________　　记录：__________　　成绩：__________　　指导教师：__________

1　记录格式

（1）圆水准器的检验。

圆水准器气泡居中后，将望远镜旋转 180°，气泡________（填“居中”或“不居中”）。

（2）十字丝横丝检验。

在墙上找一静止点，使其恰好位于水准仪望远镜十字丝左端的横丝上，旋转水平微动螺旋，用望远镜右端对准该点，观察该点__________（填“是”或“否”）仍位于十字丝右端的横丝上。

（3）水准管平行于视准轴（i 角）的检验（见下表）。

i 角检验计算表

<table>
<tr><td colspan="2">仪器在中点测正确高差</td><td rowspan="3">仪器在 B 点附近
（B 点为前视点）</td><td rowspan="3">前尺读数 $b_2=$
后尺应读数 $a_2=b_2+h_{AB}=$
后尺实际读数 $a_2'=$
误差 $\Delta h=a_2'-a_2=$
$i''=206\ 265\times\Delta h/D_{AB}=$</td></tr>
<tr><td>第一次</td><td>后尺读数 =
前尺读数 =
高差 $h_1=$</td></tr>
<tr><td>第二次</td><td>后尺读数 =
前尺读数 =
高差 $h_2=$</td></tr>
<tr><td>平均高差 h_{AB}</td><td>$h_{AB}=(h_1+h_2)/2=$
h_1、h_2 互差不大于 6 mm</td><td rowspan="2">仪器在 A 点附近
（A 点为后视点）</td><td rowspan="2">后尺读数 $a_2=$
前尺应读数 $b_2=a_2-h_{AB}=$
前尺实际读数 $b_2'=$
误差 $\Delta h=b_2'-b_2=$
$i''=206\ 265\times\Delta h/D_{AB}=$</td></tr>
<tr><td>距离 D_{AB}</td><td>$D_{AB}=D_{后}+D_{前}=$</td></tr>
</table>

2　实验问答

（1）水准仪的主要轴线有哪些？这些轴线应满足的几何条件是什么？

（2）水准测量中使水准仪尽量安置在距两水准尺等距离处，目的是消除哪些误差？

表 5　光学经纬仪的认识和使用

日期：__________　天气：__________　班级：__________　小　组：__________

观测：__________　记录：__________　成绩：__________　指导教师：__________

1　记录格式

经纬仪认识记录表

序号	部件名称	作　用
1	水平制动螺旋	
2	水平微动螺旋	
3	望远镜制动螺旋	
4	望远镜微动螺旋	
5	竖盘指标自动补偿器	
6	度盘变换器（或复测按钮）	

度盘读数记录表

测　站	目　标	竖盘位置	水平度盘读数	竖直度盘度数	备　注
A	1	L			
		R			
	2	L			
		R			

2　实验问答

（1）光学经纬仪上有哪几种螺旋？

（2）光学经纬仪的主要操作步骤是什么？

表 6　测回法观测水平角（一）

日期：________　天气：________　班级：________　小　组：________

观测：________　记录：________　成绩：________　指导教师：________

1　记录格式

测回法测量水平角记录表

测　站	竖盘位置	目　标	水平度盘读数	半测回水平角值	一测回水平角值	各测回平均水平角值
O（第一测回）	L	A				
		B				
	R	A				
		B				
O（第二测回）	L	A				
		B				
	R	A				
		B				

2　实验问答

如果对一个水平角进行三个测回的观测，则每个测回的盘左起始读数应配置为多少？

表 7　测回法观测水平角（二）

日期：__________　天气：__________　班级：__________　小　　组：__________
观测：__________　记录：__________　成绩：__________　指导教师：__________

1　记录格式

测回法测量三角形各内角记录表

<table>
<tr><th>测　站</th><th>竖盘位置</th><th>目　标</th><th>水平度盘读数</th><th>半测回
水平角值</th><th>一测回
水平角值</th></tr>
<tr><td rowspan="4"></td><td rowspan="2">L</td><td></td><td></td><td rowspan="2"></td><td rowspan="4"></td></tr>
<tr><td></td><td></td></tr>
<tr><td rowspan="2">R</td><td></td><td></td><td rowspan="2"></td></tr>
<tr><td></td><td></td></tr>
<tr><td rowspan="4"></td><td rowspan="2">L</td><td></td><td></td><td rowspan="2"></td><td rowspan="4"></td></tr>
<tr><td></td><td></td></tr>
<tr><td rowspan="2">R</td><td></td><td></td><td rowspan="2"></td></tr>
<tr><td></td><td></td></tr>
<tr><td rowspan="4"></td><td rowspan="2">L</td><td></td><td></td><td rowspan="2"></td><td rowspan="4"></td></tr>
<tr><td></td><td></td></tr>
<tr><td rowspan="2">R</td><td></td><td></td><td rowspan="2"></td></tr>
<tr><td></td><td></td></tr>
</table>

实测三角形内角和与理论值的偏差是________________。

2　实验问答

利用测回法对水平角进行测定，其限值为多少？

表 8　全圆测回法观测水平角

日期：__________　天气：__________　班级：__________　小　组：__________

观测：__________　记录：__________　成绩：__________　指导教师：__________

1　记录格式

全圆测回法观测记录表

测　站	测回数	目标	水平度盘读数		2c /（″）	平均方向值 /（° ′ ″）	归零方向值 /（° ′ ″）	水平角值 /（° ′ ″）
			盘左 /（° ′ ″）	盘右 /（° ′ ″）				
O	第一测回	A						
		B						
		C						
		A						
		Δ						

2　实验问答

（1）归零差超限的原因有哪些？

（2）全圆观测法采用盘左和盘右观测，取其平均值的目的是什么？

表 9　竖直角测量

日期：__________　天气：__________　班级：__________　小　组：__________
观测：__________　记录：__________　成绩：__________　指导教师：__________

1　记录格式

竖直角测量记录表（两个仰角，两个俯角）

测站	目标	竖盘位置	竖盘读数 /(° ′ ″)	半测回角值 /(° ′ ″)	一测回竖直角 /(° ′ ″)	竖盘指标差 /(° ′ ″)
O	A	盘左				
		盘右				
	B	盘左				
		盘右				
	C	盘左				
		盘右				
	D	盘左				
		盘右				

2　实验问答

（1）竖盘指标差的计算公式有哪些？

（2）竖直角测量的原理是什么？

表 10　经纬仪的检验与校正

日期：＿＿＿＿＿＿　天气：＿＿＿＿＿＿　班级：＿＿＿＿＿＿　小　组：＿＿＿＿＿＿

观测：＿＿＿＿＿＿　记录：＿＿＿＿＿＿　成绩：＿＿＿＿＿＿　指导教师：＿＿＿＿＿＿

1　记录格式

（1）照准部水准管的检验。

脚螺旋使照准部水准管气泡居中后，将经纬仪的照准部旋转 180°，照准部水准管气泡偏离＿＿＿＿＿格。

（2）十字丝竖丝是否垂直于横轴。

在墙上找一点，使其恰好位于经纬仪望远镜十字丝上端的竖丝上；旋转望远镜上下微动螺旋，用望远镜下端对准该点，观察该点＿＿＿＿＿（填“是”或“否”）仍位于十字丝下端的竖丝上。

（3）视准轴的检验。

目　标	水平度盘读数		2c /（″）
	盘　左 /（°　′　″）	盘　右 /（°　′　″）	
A			
B			

（4）竖盘指标差的检验。

目标	竖盘位置	竖盘读数 /（°　′　″）	半测回角值 /（°　′　″）	一测回角值 /（°　′　″）	竖盘指标差 /（°　′　″）

（5）光学对中器的检验。

安置经纬仪后，使光学对中器十字丝中心精确对准地面上的一点，再将经纬仪的照准部旋转 180°，观察光学对中器的十字丝＿＿＿＿＿＿（填“是”或“否”）精确对准地面上的点。

2　实验问答

经纬仪有哪些主要的几何轴线？各轴线间应满足哪些几何关系？

表 11　闭合导线测量

日期：__________　　天气：__________　　班级：__________　　小　　组：__________

观测：__________　　记录：__________　　成绩：__________　　指导教师：__________

导线测量记录表

点名	观测角 /(° ′ ″)	改正数 /″	改正后角值 /(° ′ ″)	坐标方位角 /(° ′ ″)	距离 /m	增量计算值 /m		改正后增量 /m		最后坐标 /m	
						Δx	Δy	Δx	Δy	x	y
$\sum$											

辅助计算	$f_\beta =$ $f_{\beta容} =$	$f_x =$ $f_y =$ $f =$ $k =$ $k_{容} =$

表 12　全站仪的认识及使用

日期：__________　　天气：__________　　班级：__________　　小　　组：__________

观测：__________　　记录：__________　　成绩：__________　　指导教师：__________

全站仪观测使用记录表

<table>
<tr><th rowspan="3">测站
仪器高</th><th rowspan="3">目标
棱镜高</th><th rowspan="3">竖盘
位置</th><th colspan="2">水平角观测</th><th colspan="2">竖角观测</th><th colspan="3">距离测量</th></tr>
<tr><th>水平
度盘
读数</th><th>半测回
水平角值</th><th>竖盘
读数</th><th>竖直
角值</th><th rowspan="2">斜距/m</th><th rowspan="2">平距/m</th><th rowspan="2">垂距/m</th></tr>
<tr><th>° ′ ″</th><th>° ′ ″</th><th>° ′ ″</th><th>° ′ ″</th></tr>
<tr><td rowspan="4"></td><td rowspan="2"></td><td></td><td></td><td rowspan="2"></td><td></td><td></td><td></td><td></td><td></td></tr>
<tr><td></td><td></td><td></td><td></td><td></td><td></td><td></td></tr>
<tr><td rowspan="2"></td><td></td><td></td><td rowspan="2"></td><td></td><td></td><td></td><td></td><td></td></tr>
<tr><td></td><td></td><td></td><td></td><td></td><td></td><td></td></tr>
<tr><td rowspan="4"></td><td rowspan="2"></td><td></td><td></td><td rowspan="2"></td><td></td><td></td><td></td><td></td><td></td></tr>
<tr><td></td><td></td><td></td><td></td><td></td><td></td><td></td></tr>
<tr><td rowspan="2"></td><td></td><td></td><td rowspan="2"></td><td></td><td></td><td></td><td></td><td></td></tr>
<tr><td></td><td></td><td></td><td></td><td></td><td></td><td></td></tr>
</table>

2　实验问答

（1）水平角的大小范围是什么？

（2）全站仪的主要螺旋有哪些？

（3）如何打开全站仪的激光对中点？

表 13　全站仪坐标测量

日期：__________　天气：__________　班级：__________　小　组：__________

观测：__________　记录：__________　成绩：__________　指导教师：__________

全站仪观测使用记录表

已知点坐标：______________、______________、______________。

后视点坐标或已知方向边坐标方位角：______________________________。

测站 (仪器高)	目标	平距 /m	高差 /m	棱镜高 /m	坐标/m	
					第 1 次	第 2 次

2　实验问答

坐标反算的计算公式是什么？

表 14 全站仪施工放样测量记录表

日　　期：＿＿＿＿＿　天气：＿＿＿＿＿　班级：＿＿＿＿＿　小　　组：＿＿＿＿＿

仪器型号：＿＿＿＿＿　观测：＿＿＿＿＿　记录：＿＿＿＿＿　指导教师：＿＿＿＿＿

全站仪施工放样测量记录表

<table>
<tr><th rowspan="2">测站点</th><th rowspan="2">后视点</th><th rowspan="2">放样点</th><th colspan="2">设计坐标/m</th><th colspan="2">实测坐标/m</th><th colspan="2">偏差值(±mm)</th></tr>
<tr><th>X</th><th>Y</th><th>X</th><th>Y</th><th>ΔX</th><th>ΔY</th></tr>
<tr><td></td><td></td><td></td><td></td><td></td><td></td><td></td><td></td><td></td></tr>
<tr><td></td><td></td><td></td><td></td><td></td><td></td><td></td><td></td><td></td></tr>
<tr><td></td><td></td><td></td><td></td><td></td><td></td><td></td><td></td><td></td></tr>
<tr><td></td><td></td><td></td><td></td><td></td><td></td><td></td><td></td><td></td></tr>
<tr><td></td><td></td><td></td><td></td><td></td><td></td><td></td><td></td><td></td></tr>
<tr><td></td><td></td><td></td><td></td><td></td><td></td><td></td><td></td><td></td></tr>
<tr><td>结论及施工
放样示意图</td><td colspan="8"></td></tr>
</table>

表 15 全站仪检验及校正记录表

日　期：________　天气：________　班级：________　小　组：________

仪器型号：________　观测：________　记录：________　指导教师：________

1. 一般性检验

三脚架：____________________

制动与微动螺旋：____________________

照准部转动：____________________

电池电量：____________________

棱镜及信号：____________________

2. 圆水准器的检验与校正

检验（旋转照准部 180°）次数	气泡偏离情况
1 2 3	

3. 水准管的检验与校正

检验（旋转照准部 180°）次数	气泡偏离情况
1 2 3	

4. 视准轴的检验与校正

仪器位置	目标	盘位	水平度盘读数 /（° ′ ″）	两倍视准轴误差
		左		
		右		

5. 光学对中器的检验与校正

光学对中器旋转照准部 180°的投点结果	

表 16　GPS 的认识与使用

日　　期：__________　天气：__________　班级：__________　小　　组：__________
仪器型号：__________　观测：__________　记录：__________　指导教师：__________

<table>
<tr><td colspan="2">观测者______________________　　　　日期_____年_____月_____日
测站名______________________</td></tr>
<tr><td>测站附近坐标：______________
经度：______________
纬度：______________
高程：______________（m）</td><td>□本测站为
□新点
□等大地点
□等水准点</td></tr>
<tr><td colspan="2">记录时间：　　□北京时间　　□UTC　　□GPS
开录时间______________　　结束时间______________</td></tr>
<tr><td colspan="2">接收机______________　　号　　天线号______________
天线高：　（m）　1.　　2.　　3.　　平均值：</td></tr>
<tr><td>天线高量取方式图</td><td>测站略图及障碍物情况</td></tr>
<tr><td colspan="2">观测状况记录
1. 电池电压：　　　（V）
2. 接收卫星号：
3. 信噪比（SNR）：
4. 故障情况：</td></tr>
</table>

2　实验问答

（1）简述 GPS 接收机的操作过程是什么？

（2）简述使用 GPS 接收机过程中，在开关机时需注意些什么？